# 0—3岁婴幼儿教保课程

## 发展适宜性教育

周淑惠 / 著

中国轻工业出版社

**图书在版编目（CIP）数据**

0—3岁婴幼儿教保课程：发展适宜性教育／周淑惠
著． -- 北京：中国轻工业出版社，2025.1. -- ISBN
978-7-5184-4684-1

Ⅰ. TS976.31

中国国家版本馆CIP数据核字第2024788DE0号

责任编辑：牟　聪　　　　　责任终审：张乃柬

文字编辑：高　君　李芳芳　　责任校对：刘志颖

策划编辑：高　君　　　　　　责任监印：吴维斌

出版发行：中国轻工业出版社（北京鲁谷东街5号，邮编：100040）

印　　刷：三河市鑫金马印装有限公司

经　　销：各地新华书店

版　　次：2025年1月第1版第1次印刷

开　　本：787×1092　1/16　印张：14.25

字　　数：208千字

书　　号：ISBN 978-7-5184-4684-1　定价：58.00元

读者热线：010-65181109

发行电话：010-85119832　　010-85119912

网　　址：http://www.chlip.com.cn　http://www.wqedu.com

电子信箱：1012305542@qq.com

版权所有　侵权必究

如发现图书残缺请拨打读者热线联系调换

231835Y1X101ZBW

# 前　言

　　虽然多年来我的主要精力用于研究 3—6 岁儿童的课程与教学，出版了多部专著和发表了多篇文章；但是基于对 0—3 岁婴幼儿教育和保育（简称教保）的着迷，曾获美国家庭托婴执照的我，近年来陆续担任中国台湾地区托婴中心访视督导及澳门大学托儿所幼儿导师文凭顾问，并在 0—3 岁婴幼儿相关期刊上发表了多篇文章，撰写和翻译了与 0—3 岁婴幼儿课程、教学相关的多部著作，如《婴幼儿 STEM① 教育与教保实务》《婴幼儿教保环境与互动实务》（*Creating a Learning Environment for Babies and Toddlers*）。

　　本书书名为"0—3 岁婴幼儿教保课程——发展适宜性教育"，其中，"发展适宜性教育"（Developmentally Appropriate Practice，DAP）一词来自美国幼儿教育协会（National Association for the Education of Young Children，NAEYC）所发表的立场声明。在广泛分析了许多国家及地区的相关文献后，我发现它们或多或少都呈现了这一观点——发展适宜性教育是当前婴幼儿教保领域的主流观点。鉴于中国的托育事业正在起步，在中国轻工业出版社万千教育编辑部的邀约与激励下，我将日积月累的研究成果整理成书，期待它的出版能对中国的托育实践有所帮助。

　　本书具有以下四个特色。

　　第一，理论与实践相结合。本书不仅提出了婴幼儿发展适宜性教育的框架，揭示了它的理论基础、运作基础、课程关注焦点、核心实践等，而且提供了大量的环境照片、活动示例、主题课程示例、教学鹰架示例等，与理念相互辉映。

---

　　① 　科学（science）、技术（technology）、工程（engineering）、数学（math）四门学科英文首字母的缩写。

第二，强调用主题整合课程，为婴幼儿提供有意义的学习机会。本书既提供了活动方案，也提供了主题课程示例，以便托育工作者将其作为 0—3 岁婴幼儿教保课程的重要参考资源。

第三，强调游戏和探索即课程。婴幼儿既在游戏中探索，也在探索中游戏，所以本书非常重视课程与活动的游戏性和探索性，期望婴幼儿在游戏中思考、探究，玩出游戏的深度和广度或解决游戏中的问题，并与当今各国大力提倡的 STEM 教育接轨。

第四，展示了婴幼儿教保课程与保育作息、环境规划（尤其是多元区域）之间的密切关系。教保课程不仅涉及课程与教学，而且关联托育机构的生活作息与环境创设。托育工作者必须将这三者放在一起加以考虑，否则教保课程无法独自运作。

在本书即将出版之际，首先，感谢中国台湾地区的三家托育机构提供了大量托育环境照片，它们是：台北市明伦公共托婴中心、台北市潭美社区公共托育家园和新北市某公共托育中心。我尤其要感谢这些机构的引荐人翠凤老师和金莲老师的大力协助，这些机构的照片让本书增色不少。其次，感谢以往的研究场域提供了部分照片，尤其要感谢新竹园区某公司附设托婴中心林园长的大力支持。最后，感谢爱空间托婴中心、科园幼儿园、田园嘉托婴中心以及符园长、郑园长、李园长的支持。特别值得一提的是，我的两位好朋友佩娟和诗妤的 1 岁多的孩子也参与了书中的部分活动，并为本书提供了生动的照片。此外，还要感谢我的先生李文政教授不厌其烦地帮我润色书稿。

周淑惠

2024 年 7 月

# 目　录

第一章

# 对婴幼儿发展适宜性教育的基本认识

本书书名为"0—3岁婴幼儿教保课程——发展适宜性教育",顾名思义是结合发展适宜性教育观来探讨0—3岁婴幼儿的课程。婴幼儿课程模式有很多,如蒙台梭利课程、华德福课程、瑞吉欧课程等,而发展适宜性教育实践是当前的主流课程模式。

发展适宜性教育是本书所秉持的观点,因此,第一章便开宗明义,主要探讨了婴幼儿发展适宜性教育的样貌与要素,以作为后续各章的基础。本章共两节,第一节阐述发展适宜性教育的由来与内涵,并在分析了大量的文献后提出发展适宜性教育的理念架构;第二节则继续探讨发展适宜性教育的理念架构内容,如课程关注焦点、核心实践、运作基础与理论根基等,以期读者能对发展适宜性教育建立基本的认识,开启对婴幼儿教保课程的理解之门。值得注意的是,婴幼儿教保课程涉及面很广,它的实施依赖教师对婴幼儿游戏和探索环境的规划,如多元区域、像家一样的温馨氛围等,而且很难与保育生活分离,也就是说婴幼儿是在一日生活作息中自然地学习的。因此,婴幼儿教保课程、环境规划、保育作息三者密切关联,关于这一点,本书将在后面的章节中陆续探讨。

# 第一节　发展适宜性教育的由来与内涵

本节旨在说明"发展适宜性教育"一词的由来，并探讨发展适宜性教育的含义。

## 一、发展适宜性教育的缘起

"发展适宜性教育"一词最早出现在美国幼儿教育协会于1986年发表的关于发展适宜性教育的立场声明中，该立场声明至今经历了四次修订，并且每次修订大都通过与儿童发展和学习相关的文献探讨及公开研讨形式来集结幼儿教育界的多方意见，进而达成共识。在2020年第四次修订的立场声明中，美国幼儿教育协会将发展适宜性教育定义为："以优势和游戏为基础，让幼儿生动活泼地学习以促进每个幼儿最佳发展与学习的方法。"（NAEYC，2020，p.5）显然，促进儿童的发展与学习是发展适宜性教育的关键。虽然历年来有关发展适宜性教育的立场声明内容有所调整，但是我们仍然可以通过它的名字直接窥知其要义——"与儿童发展相适宜的教育"。它表明教学实践要符合儿童的"发展特点"，这也是发展适宜性教育最主要的特征。

正如《发展适宜性教育的基本要素：婴幼儿教师指导手册》（*Basics of Developmentally Appropriate Practice: An Introduction for Teachers of Infants and Toddlers*）一书在其首页所指出的那样，发展适宜性教育意味着教师在教导婴幼儿时要符合他们所呈现出来的发展状态（个体适宜性和年龄适宜性），并且为他们制定具有一定挑战性且可实现的目标，以帮助他们持续发展与学习（Copple et al.，2011）。因此，发展适宜性教育不仅必须符合儿童的年龄发展特点，包括当前发展水平与潜在发展水平，还必须关注儿童在发展上所表现出的个体差异。除了做到年龄适宜、个体适宜以外，文化适宜也是发展适宜性教育的核心要素，由于每个婴幼儿都成长于不同的社会文化中，教保实践需要考虑婴幼儿的社会文化背景并与其家庭建立关系。因此，婴幼儿的年龄发展特点、个体发展特点和家庭文化，是决定教学是否具有发展适宜性的主要因素（Copple et al.，2011；

Copple et al.，2013）。

发展适宜性教育立场声明经历了多次修订。1986 年，美国幼儿教育协会第一次发布了有关发展适宜性教育的立场声明，主张幼儿教育应该符合儿童的年龄发展特点与个体发展差异，认为幼儿正在试图理解周围的世界，他们的学习具有建构性（Bredekamp，1986；Kostelnik et al.，1993）。该立场声明受瑞士心理学家让·皮亚杰（Jean Piaget）的建构主义理论影响，提出了"以幼儿为中心"的教学观点。之后，苏联心理学家列夫·维果茨基（Lev Vygotsky）的社会文化建构理论兴起，学界开始出现不同的声音，于是美国幼儿教育协会于1996 年调整了立场声明，并在其出版的《实现儿童的潜能：改变幼儿教育课程与评价方式》（*Reaching Potentials: Transforming Early Childhood Curriculum and Assessment*）一书中针对教育实践要么以幼儿为中心、要么以教师为主导的两极分化现象，主张将教学行为视为一个连续体，以幼儿为中心和以教师为中心是这一连续体的两端，中间有八种不同程度的行为，即指导、示范、共同建构、鹰架、支持、促进、身教、赞同，教师应灵活地运用这八种教学行为，完全依赖某种方式是无效的（Bredekamp & Rosegrant，1996）。第二次修订明确指出，教学除了需要考虑儿童的年龄发展特点和个体差异外，还需要考虑儿童所处的社会文化背景，认为儿童的发展与学习受多元社会与文化背景的影响。该立场声明清晰地指出了成人鹰架幼儿学习的必要性，因为只有当被挑战超越现有能力并得到了成人的支持时，幼儿才能发展与学习。

2009 年，美国幼儿教育协会对其立场声明进行了第三次修订，同前两版一样，本版的立场声明也非常重视游戏的价值，认为游戏是发展儿童的自我管理能力以及促进儿童的语言、社会情绪能力的重要工具。不过，本版更强调高质量游戏，而为了支持幼儿玩出高质量游戏，教师需要积极地扮演鹰架者角色。总之，本版主张发展适宜性教育应在成人主导的经验与幼儿主导的经验间保持最佳平衡（Copple & Bredekamp，2009），认为不管是幼儿导向的经验还是教师导向的经验，只要能让幼儿积极投入其中就是具有重大意义的教育经验（Copple et al.，2013）。

2020年，美国幼儿教育协会对发展适宜性教育立场声明进行了第四次修订。该立场声明同之前的版本一样，注重儿童的社会文化背景，也重视儿童游戏的价值，不过更加强调依据儿童的发展状况制定教学目标以进行"有意图的教学"的必要性（NAEYC，2020）。

综上所述，美国幼儿教育协会对发展适宜性教育立场声明的四次修订，经历了从一个学派的观点向另一个学派的观点转移和修正的过程——从自我建构的"认知建构论"到社群共同建构的"社会建构论"，即从以儿童为中心、主张儿童自由游戏的观点，转到较为重视教师的角色和高质量游戏的师幼共构观点（周淑惠，2013）。在发展适宜性教育的内涵上，立场声明从仅仅重视幼儿发展的年龄特点和个体差异，转到也重视幼儿的文化背景和潜在发展（即未来发展），主张为幼儿提供适合其文化背景的、富有挑战性的经验，搭建鹰架，以及实施有意图的教学。

在此基础上，美国幼儿教育协会根据翔实的文献资料提出了0—8岁儿童发展与学习的9条原则，它们是发展适宜性教育的主要依据。

1. 儿童的发展与学习是动态的过程，反映了儿童个体的生物学特性与环境之间复杂的相互作用，各个因素相互影响，同时塑造着儿童未来的发展模式。

2. 儿童发展的所有领域以及学习方式都很重要，各个领域的发展与学习是相互影响和相互支持的。

3. 游戏促进儿童快乐地学习，促进儿童的自我管理、语言、认知和社会能力的发展以及各学科知识内容的学习。游戏对所有0—8岁儿童都至关重要。

4. 虽然可以确定儿童发展与学习的一般进程，但是也必须考虑儿童因文化背景、经验、个体特点而产生的差异。

5. 从出生起，儿童就是积极的学习者，他们通过人际关系、与环境的互动以及整体经验，不断地吸收与组织信息去创造意义。

6. 当学习环境强化了儿童的归属感、目的性与能动性时，他们的学习动机就会增强。通过将儿童的学习经验与他们的家庭及社区环境联系起来，课程和教学法就能建立在每个儿童的能力之上。

7. 儿童是以综合的、跨学科领域的方式来学习的。由于学科领域知识的基础是在幼儿期建立的，因此教师需要掌握学科领域知识，了解每个学科领域内部的学习进程，掌握有效教授每个学科领域内容的教学法。

8. 当儿童面临的挑战稍稍超越他们当前的发展水平，并且有很多机会反思与练习新获得的技能时，他们就能够在发展与学习中取得进步。

9. 负责任地、有目的地使用多媒体互动技术，可以使多媒体互动技术成为支持儿童学习与发展的有价值的工具。（NAEYC，2020，pp.8-13）

针对 0—3 岁婴幼儿阶段的教学实践，美国幼儿教育协会在其出版的《0—3 岁婴幼儿发展适宜性教育》[①]（*Developmentally Appropriate Practice: Focus on Infants and Toddlers*）一书中提出了有关婴幼儿学习与发展的 12 条原则，它们与上述 9 条原则类似。

1. 学习与发展的所有领域都非常重要，各个领域的学习与发展是相互影响的。

2. 婴幼儿的学习与发展的许多方面遵循一定的顺序，并建立在已有能力、技能和知识的基础上。

3. 不同婴幼儿的学习与发展速度存在个体差异，同一儿童的不同领域的发展速度也存在差异。

4. 婴幼儿的学习与发展是生理成熟与经验之间持续动态作用的结果。

5. 早期经验对婴幼儿的学习与发展具有深远的影响，并且这种影响具有累积性和延迟性特点。

6. 婴幼儿的发展日趋复杂，他们的自我调节能力、表征能力会随着时间的推移而提升。

---

① 该书的简体中文版已由中国轻工业出版社于 2020 年 8 月出版。

7. 当婴幼儿与积极回应他们的成人建立安全稳定的关系，以及有机会与同伴建立积极的关系时，他们能发展得最好。

8. 婴幼儿的学习与发展发生于多元社会文化背景中，并深受其影响。

9. 婴幼儿具有建构和探索的天性并以多种方式学习。

10. 游戏是婴幼儿的自我调节能力、语言、认知和社会性发展的重要途径。

11. 当婴幼儿面临的挑战稍稍超越他们当前的发展水平，并且有许多机会练习新获得的技能时，他们就能够学习与发展。

12. 婴幼儿的经验激发了其学习动机，塑造了其学习品质，如坚持性、主动性与灵活性；反之，这些学习品质和行为又会对其学习与发展产生影响。（Copple et al.，2013，p.5）

其中，第 6 条原则清楚地指出了婴幼儿的发展方向，第 7 条原则强调了婴幼儿的人际关系，第 2 条、第 5 条、第 12 条原则指出了早期经验、技能对婴幼儿后续学习与发展的深远影响，它们可以给予我们关于婴幼儿教保课程的重要启示。

《0—3 岁婴幼儿发展适宜性教育》一书进一步指出，卓越的婴幼儿教师是有意图的，他们的所有教学行为（如规划环境、安排学习经验等）都是有目的且经过深思熟虑的，他们的角色体现在五个方面，也就是有五项教学指引，这五项教学指引相互关联、不可分割，犹如五角星一样（见图 1.1）（Copple et al.，2011；Copple et al.，2013）。这五项教学指引也是婴幼儿发展适宜性教育的整体关注焦点。

### 1. 创建一个充满关爱的学习共同体

第一项教学指引是创建一个让所有参与者都认为对彼此的幸福与学习有所贡献的、充满关爱的共同体。在这一共同体中，每个人都具有归属感、安全感和被重视的感觉，并能在一起共同探索、学习与解决问题。如何创建这样的共同体呢？具体做法包括：了解每个婴幼儿的特点及其家庭文化，将婴幼儿的家

**图 1.1　五项教学指引**

庭文化融入教保场所，与每个婴幼儿建立温暖、正向的关系，创设丰富、有趣的探索环境，以及安排可预测且具有一定弹性的日常作息时间等。

### 2. 通过教学促进婴幼儿的学习与发展

在教学安排上，托育人员通常是有意图和目的的，即要促进婴幼儿的学习与发展。托育人员必须在多元教学策略中思考哪种策略最有效，这些教学策略包括认同、鼓励、明确地反馈、示范、提问、挑战、提供信息、指示等。此外，托育人员还必须鹰架婴幼儿的学习，即在婴幼儿的已有知识和能力基础上提供具有一定挑战性的经验，使其在成人的协助下拓展知识和能力。托育人员鹰架婴幼儿学习的方式有多种，如提问、指出差异之处、向婴幼儿暗示他们所忽略的地方、通过图像给出提示、将婴幼儿与有能力的同伴配对等。这些策略的最终目的是帮助婴幼儿独立掌握技能，促进其学习与发展。

### 3. 计划合适的课程来实现目标

无论什么样的教保课程都要注重婴幼儿的各领域发展，并将其作为课程目标，而代表了学习与发展成果的课程目标必须被清楚定义，并且是相关人员均理解的。托育人员的职责之一是计划合适的课程，以实现课程目标。托育人员必须计划一组连贯、整合的学习经验，并将其与婴幼儿的生活经历或已有知识建立有意义的联系，同时针对特定知识或技能给予婴幼儿充足的学习时间。也就是说，婴幼儿的学习经验必须是有意义的、整合的、有深度的。

### 4. 评估婴幼儿的学习与发展

评估婴幼儿的学习与发展，有助于托育人员掌握婴幼儿的学习与发展状况，辨识婴幼儿是否受惠于教保服务，确认婴幼儿是否达成了课程目标。至于评估的结果，托育人员不仅可将其作为与家长沟通的内容，以期与家长共同合作促进婴幼儿的学习与发展，还可将其作为课程计划与课程调整的重要依据，以符合婴幼儿的发展需要。最直接的评估方式是观察婴幼儿的表现、审视婴幼儿的作品、与婴幼儿对话、访谈婴幼儿的家庭成员等。不过，评估措施一定要关注婴幼儿的年龄发展特点和个体发展特点，并具有文化适宜性。

### 5. 与家长建立平等互惠的关系

家长对于婴幼儿很了解，是非常宝贵的资源。为了充分了解婴幼儿以规划适宜的教保课程，托育人员必须与家长建立良好的关系。首先，也是最重要的一点，托育人员应让家长体会到受欢迎感和参与感；其次，应与家长建立能经常对话的正向关系，也就是建立一种平等、尊重、沟通的互惠关系。从共同为婴幼儿谋求最大福祉的角度而言，家园关系应该是一种伙伴关系，托育人员与家长彼此沟通、分享重要决定，共同照护婴幼儿。

在以上五项教学指引中，虽然看起来只有第二项和第三项与婴幼儿教保课程直接相关，但是其他三项是支撑婴幼儿教保课程的重要元素，教师必须综合运用它们，缺一不可。我们从这五项教学指引中可以很清楚地看出，婴幼儿发展适宜性教育确实植根于社会文化理论。

通过回顾有关发展适宜性教育的文献，笔者发现婴幼儿发展适宜性教育非常关注婴幼儿的身心发展状况，将"了解婴幼儿的发展与学习"（Copple et al.，

2011；Copple et al.，2013）视为教保课程的核心。婴幼儿发展适宜性教育也非常强调托育人员与婴幼儿建立亲密互动的关系或依附关系，与婴幼儿家长建立伙伴关系，并将它们视为发展适宜性教育的基础。例如，《0—3岁婴幼儿发展适宜性教育》（Copple et al.，2013）一书在列举婴幼儿发展适宜性教育的正反案例时，涉及的第一个维度就是"照护者与婴幼儿之间的关系"，第五个或第六个维度（注：婴儿是第五个维度，学步儿是第六个维度）是"与家长之间的平等互惠关系"，其余维度依次为环境、探索和游戏、日常作息安排（注：婴儿没有这一项）、日常生活保育、行政政策。

《0—3岁婴幼儿发展适宜性教育》一书还提出了专业人士需要遵循以下工作原则，它们充分反映了对婴幼儿发展的关注和对关系的重视。

1. 了解多元背景下的婴幼儿。

2. 尊重与支持所有的婴幼儿及其家庭。

3. 在照顾婴幼儿时与家长充分合作。

4. 给予婴幼儿具有文化回应性的照护。

5. 尊重婴幼儿的权利。

6. 在整个情境中致力于与婴幼儿建立相互关爱、相互支持的关系。

7. 迅速且敏锐地回应婴幼儿的交流信号。（Copple et al.，2013）

显然，发展适宜性教育在重视婴幼儿发展的基础上，也将社会文化因素考虑在内。年龄适宜、个体适宜与文化适宜是发展适宜性教育的三个重要成分。

### 二、其他文献所反映的发展适宜性教育

在检索其他有关0—3岁婴幼儿教保课程的文献时，笔者发现许多文献也非常强调发展适宜性教育所重视的"了解婴幼儿的发展，与婴幼儿及其家庭建立关系"，反映了发展适宜性教育的年龄适宜、个体适宜与文化适宜要素，如《婴

幼儿及其照护者：基于尊重、回应和关系的心理抚养》<sup>①</sup>（*Infants, Toddlers, and Caregivers: A Curriculum of Respectful, Responsive, Relationship-Based Care and Education*, Gonzalez-Mena & Eyer，2018）、《0—3岁婴幼儿发展与回应式课程设计：在关系中学习》<sup>②</sup>（*Infant and Toddler Development and Responsive Program Planning: A Relationship-Based Approach*，Wittmer & Petersen，2018）。以上两本书如同其书名所体现的那样以关系为基础，非常重视托育人员与婴幼儿、家长之间的关系，而且均以婴幼儿各领域的学习与发展作为教保课程的架构和内涵。

此外，《回应性照护活动：婴儿、学步儿与2岁儿童》（*Activities for Responsive Caregiving: Infants, Toddlers, and Twos*）一书明确指出，高质量的托育机构具有以下几个重要特征：婴幼儿与托育人员享受持续的、相互滋养的关系，活动符合婴幼儿的年龄阶段发展特点，婴幼儿能够获得促进其所有领域发展的经验，托育人员以文化敏感的方式与婴幼儿的父母沟通、合作等（Brbre，2013）。《婴幼儿教保环境与互动实务》一书除了强调婴幼儿的发展、成人与婴幼儿间的依附关系、情绪环境外，也非常重视托育人员与家长建立伙伴关系。

许多国家政府发布的课程文件，同样非常关注婴幼儿的发展，提出了以关系为基础的教保实践，反映了发展适宜性教育的三个重要成分。例如，澳大利亚政府在为0—5岁儿童颁布的最高法定文件《归属、现状和成长：澳大利亚儿童早期学习框架》（*Belonging, Being & Becoming: The Early Years Learning Framework for Australia*，2019）中提出了以下五项学习与教学原则。

1. 与儿童建立安全、尊重与平等的关系。

2. 与家庭维系伙伴关系，共同对儿童进行保育和教育。

3. 对儿童抱有高期望且公平对待他们。

4. 尊重儿童家庭文化的多元差异。

5. 持续学习与进行反思性实践，反思的重点包括对每个儿童的理解、所持

---

① 该书的简体中文版已由商务印书馆于2023年1月出版。

② 该书的简体中文版已由中国轻工业出版社于2022年9月出版。

的教保服务理论或理念、采用某种方式的利与弊等，它们关乎儿童的发展与学习。

显而易见，以上原则建立在社会文化理论的基础上，即0—5岁儿童在社会文化中成长，社会文化对他们的发展与学习影响深远。

英国教育部颁布了关于幼儿教育的最高法规《早期基础阶段法定框架：0—5岁儿童的学习、发展与照顾标准》（*Statutory Framework for the Early Years Foundation Stage: Setting the Standards for Learning, Development and Care for Children from Birth to Five*），并在其中提出了幼儿教育实践的四大指导原则。

1. 每个儿童都是独特的、爱学习的、具有抗逆性的、能干的、自信的。

2. 儿童是在与他人的积极关系中学习独立、变得强大的。

3. 儿童在一个由成人提供教学与支持的赋能环境中学习与发展得最好，成人会回应儿童个体的需求，并与儿童父母或其他照护者建立伙伴关系。

4. 儿童的发展与学习很重要，并以不同的节奏和方式进行。（UK Department for Education，2021a）

从以上四项指导原则中可以看出，它们重视儿童的发展，也重视教师与儿童及其家长建立良好的关系。英国教育部颁布的《发展很重要：早期基础阶段的非法定课程指引》（*Development Matters: Non-statutory Curriculum Guidance for the Early Years Foundation Stage*）也非常珍视儿童的发展，将其作为课程与学习的关注点（UK Department for Education，2021b）。

综合上述婴幼儿教保文献，我们发现当代0—3岁婴幼儿教保工作不仅关注婴幼儿的发展状况，将其作为教保课程的核心，还强调以关系为基础来开展各项实践工作，这就是社会文化论对婴幼儿发展的影响。此外，这些文献的诸多主张都或多或少地与美国幼儿教育协会所提出的发展适宜性教育的其他观点（如重视游戏与探索、提供挑战性经验以促进儿童的发展、强调有意图的教学等）一致。例如，《0—3岁婴幼儿发展与回应式课程设计：在关系中学习》一书指出，托育人员的八项重要责任之一就是为婴幼儿提供与他们的个体、文化、年龄相适宜的玩教具与游戏机会（Wittmer & Petersen，2018）；英国的《早期基础阶段》（Early Years Foundation Stage，EYFS）指出，有效教与学的第一个特征就是游戏与探索；澳大利亚的《归属、现状和成长：澳大利亚儿童早期学习框架》提出了教师可以采取的八个教学策略，其中包括：意识到儿童的身、心、灵是联结的，学习是统整的；通过游戏并采用多元策略支持儿童的学习；实施有意图的教学；鹰架儿童，以延伸他们的学习等（Australian Government Department of Education，Skills and Employment，2019）。换言之，发展适宜性教育也是其他0—3岁婴幼儿教保实践或课程文献的重要论点，是当前婴幼儿教保课程的核心主张（周淑惠，2018）。

### 三、0—3岁婴幼儿发展适宜性教育的内涵

在综合多种文献的基础上，笔者认为，0—3岁婴幼儿发展适宜性教育是由一组相嵌的理念所共构的框架（见图1.2）。

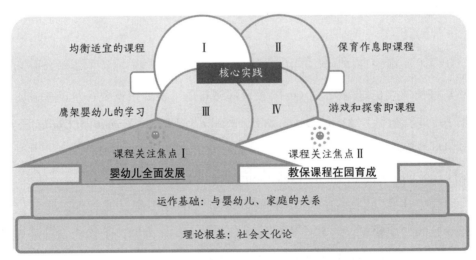

**图 1.2　婴幼儿发展适宜性教育（0—3 岁婴幼儿教保课程）**

整个框架的理论根基是社会文化论。它的运作基础是托育人员与婴幼儿建立亲密关系，与婴幼儿家庭建立伙伴关系，唯有如此，托育人员才能理解每个

婴幼儿的发展特点并实施适宜的课程，以促进婴幼儿的全面发展与最佳发展。发展适宜性教育的整体关注焦点有五个，本书提出了0—3岁婴幼儿教保课程的两个关注焦点：婴幼儿全面发展和教保课程在园育成。其中，婴幼儿全面发展包括现阶段发展与潜在持续发展；教保课程在园育成，旨在开发适合托育机构自身的课程。在这两个关注焦点下，发展适宜性教育有四项彼此关联的核心实践——均衡适宜的课程、保育作息即课程、游戏和探索即课程、鹰架婴幼儿的学习。这四项实践也是0—3岁婴幼儿教保课程的重要指导原则；然而，它们的有效落地有赖于托育人员持续地评估婴幼儿的发展与学习状况，也就是说对婴幼儿的评估支撑着四项核心实践的开展。

因此，本书将婴幼儿发展适宜性教育定义为：基于社会文化论，在与婴幼儿及其家庭建立良好关系的基础上，关注婴幼儿身心全面发展与教保课程在园育成，并在持续评估婴幼儿的情况下，通过均衡适宜的课程、保育作息即课程、游戏和探索即课程、鹰架婴幼儿的学习等方式，促进每个婴幼儿的最佳发展与学习。总之，婴幼儿发展适宜性教育是由一组彼此相嵌的理念构成的，缺一不可，反映了婴幼儿年龄发展上的适宜性、个体发展上的适宜性与文化上的适宜性。

## 第二节　0—3岁婴幼儿发展适宜性教育理念架构

本节旨在进一步探讨0—3岁婴幼儿发展适宜性教育框架中的各个重要理念。首先，将针对发展适宜性教育的课程关注焦点予以说明；其次，将就四项核心实践予以叙述；再次，将探讨发展适宜性教育的运作基础；最后，将论述发展适宜性教育的理论根基，以便读者完全理解婴幼儿发展适宜性教育的要义。

### 一、0—3岁婴幼儿发展适宜性教育的课程关注焦点

0—3岁婴幼儿教保课程有两项关注焦点：婴幼儿全面发展与教保课程在园

育成。

## （一）婴幼儿全面发展

儿童在早期阶段萌发的社会情绪、身体动作、认知和语言能力，是其后续在学校、工作场所及社会中取得成功的先决条件（National Scientific Council on the Developing Child，2007）。因此，关注婴幼儿的发展是必要的。同时，因为儿童的各发展领域之间是相互影响的，所以培养完整儿童或全人是幼儿教育一向认可的重要理念。世界各国幼儿教育的重要文件均显示，儿童的各发展领域密切相关，或全人发展是幼儿教育的最高宗旨。例如，美国幼儿教育协会最新版的发展适宜性教育立场声明指出，各个领域之间是相互支持与影响的（NAEYC，2020，p.9）；英国的《早期基础阶段》认为，发展与学习的七个领域很重要并且相互联结（UK Department for Education，2021a，p.7）；澳大利亚的《归属、现状和成长：澳大利亚儿童早期学习框架》指出，身、心、灵是联结的（Australian Government Department of Education，Skills and Employment，2019，p.16）。简而言之，婴幼儿全面发展或均衡发展是0—3岁婴幼儿教保课程的重要目标。

要想关注婴幼儿的全面发展，首先，托育人员需要了解婴幼儿目前各领域（如社会情绪、身体动作、认知、语言）的发展状况，即婴幼儿的横向发展。每一个发展领域都有其发展特点与趋势，例如，在语言领域，接受性语言（倾听、理解）是表达性语言（说和使用）的基础（Gonzalez-Mena & Eyer，2018；Wittmer & Petersen，2018），婴幼儿在不断地接受语言、试图理解的基础上，从牙牙学语、重复音节、单字句、双字句发展到简单句、复杂句，这样的发展特点与方式在婴幼儿语言教学方面给予了我们重要的启示。因此，关注婴幼儿的发展，自然就会关注婴幼儿如何学习以及相对应的教学策略。其次，托育人员不能忽视各个发展领域间的相互作用与影响，在计划课程时，不可偏废或偏重某些领域。最后，托育人员在关注婴幼儿各领域全面发展的同时，也要关注婴幼儿目前身处哪一个发展阶段，并了解该阶段的发展特点，即婴幼儿的纵向发展，因为每一个发展阶段都有其自身的需求。例如，9—18 个月的婴儿开始移动躯体，四处探索与理解世界，其发展需求自然有别于新生儿，教保课程的内涵与方法也有所不同。

关注婴幼儿的全面发展要求托育人员除了关注婴幼儿的横向发展与纵向发展外，也要关注婴幼儿的潜在发展或未来发展，因为发展是持续的、不可分割的；更要关照婴幼儿的特殊性和文化背景，因为婴幼儿在发展上存在个体差异且每个婴幼儿均生长于不同的家庭文化中，受家庭文化影响深远。因此，要想实施发展适宜性教育，托育人员既要具备婴幼儿年龄发展特点与学习特点的相关知识，又要了解什么是具有个体适宜性的教保课程，理解婴幼儿家庭的文化、价值观（Copple et al.，2013；NAEYC，2020），这是担任托育人员或婴幼儿照护工作者的必要条件。

## （二）教保课程在园育成

婴幼儿教保课程还要关注课程的在园育成，唯有如此，方能使课程符合本机构婴幼儿的共同发展特点、个体发展特点和所在地的文化，即让课程具有发展适宜性。首先，我们将探讨在研发婴幼儿教保课程时需要考虑的方面，以帮助读者理解婴幼儿教保课程在园育成的必要性。如图 1.3 所示，幼儿园的课程研发需要考虑四个基础：心理基础、哲学基础、历史基础和社会基础。其中，心理基础指幼儿的发展与学习特点，哲学基础指园所的教育哲学与目标，历史基础指课程的历史经验与幼儿园所在地的历史及文化特色，社会基础指时代发展趋势与整个社会的教育目标（欧用生，1993；周淑惠，2006；Ornstein & Hunkins，2017）。幼儿园在研发课程前需要综合考虑这四个方面，并适度地调和它们的分量，以形成既以园所为本位又具有发展适宜性的课程。

托育机构也不例外。除了拥有自己坚信的教育理念外，托育人员还要具备扎实的婴幼儿发展与学习知识，考虑托育机构所在地的历史与文化特色以及时代发展趋势与整个社会所需的培育目标，在托育机构成立之初共同规划教保课程与活动，然后在园实际生成与发展。而生成与发展课程的具体做法为：托育

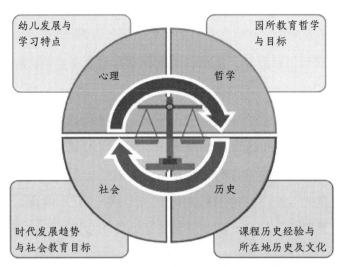

图 1.3    幼儿园课程研发需要考虑的四个基础

人员通过持续观察与评估婴幼儿、与婴幼儿对谈以了解其想法、进行教学研讨与专业对话以及与家庭建立伙伴关系并与其交流信息等多元方式，搜集婴幼儿发展与学习的相关证据，并依据这些资料将托育机构成立之初规划的课程加以调整或修正，之后再付诸实践，再进行调整……就这样经过不断地实践和调整使教保课程逐渐发展成熟，真正具有发展适宜性，符合园所婴幼儿的需要。

托育机构如果采用已有的课程模式，如蒙台梭利课程、华德福课程、瑞吉欧课程等，那么要允许这些课程有机会在本机构生成与发展，因为每种课程都有其特殊的教育哲学与时空背景，贸然将其移植到完全不同的文化情境中，势必会使其经历一个艰难的调适过程，正如将外来的植物移植过来一样。例如，蒙台梭利课程是基于对贫困阶层儿童基本生活技能的关心而诞生的，它在倡导儿童与环境互动的理念基础上，设计了各种含有固定操作步骤的教具，以帮助这些儿童发展基本的生活技能；瑞吉欧课程信奉社会文化论并相信幼儿是有能力的学习者，在当地非常强调社群共构的社会氛围中，设法让幼儿进行创造性表达和表征，展现自己的"一百种语言"；华德福课程则崇尚自然，秉持天地人合一的理念，运用现代方法向儿童教授传统的美德或价值观。因此，要将这些基于自身教育理念而形成的课程成功地移植于不同的环境中，是一件非常具有挑战性的事情。

如果托育机构无法自行研发教保课程，那么可以购买或采用坊间现成的课程；但是需要全体托育人员首先了解这个课程，在确认该课程符合本机构教育理念的前提下，积极研讨、学习该课程的理念与实务，从而真正地理解并认同它。教育理念与知识影响着教学实践，当将外来的课程移植到托育机构时，如果相关的托育人员没有掌握相应的理念与知识，那么就极易导致"画虎画皮难画骨"的现象出现。例如，"学习区"重视儿童的个体探索，如果托育人员不具备"学习区"的相关教学理念，那么出于以灌输为主导的教学习惯，他们很可能把用于分隔学习区的架子推到墙边，让区域完全消失，因为这些架子妨碍了他们的集体教学方式。在真正理解并采用了某种现成的课程后，托育人员必须通过观察与评价婴幼儿的多种表现来搜集该课程的学习结果，之后经过专业的研讨和确认，调整、修正该课程或相关教学策略，让外来的课程得以在本机构内落地生根。总之，制度与课程必须在托育机构内培育与发展，而非由外面直接移植过来即可存活（周淑惠，2006）。而整个培育与发展课程的历程，其实就等于在自己的托育机构内生成课程。

## 二、发展适宜性教育的四项核心实践

除了婴幼儿全面发展与教保课程在园育成这两个课程关注焦点外，发展适宜性教育还有四项重要的实践——均衡适宜的课程、保育作息即课程、游戏和探索即课程、鹰架婴幼儿的学习。这四项实践是发展适宜性教育的核心，也是婴幼儿教保课程的指导原则。

### （一）均衡适宜的课程

均衡适宜的课程包括三方面：（1）教保课程要关注每个婴幼儿的全面发展（包括现在发展与潜在发展），因此教保课程要均衡地包含各发展领域的活动，不可偏重或偏废某些领域，同时也要包含具有一定挑战性的活动，以激发婴幼儿的潜在发展；（2）教保课程要关注婴幼儿发展的个体差异性，注重区域中的个体游戏和探索以及小组活动；（3）教保课程还要考虑影响婴幼儿发展的文化元素，将家庭文化和语言适度地融入课程，以期课程呈现出年龄适宜性、个体适宜性和文化适宜性。之所以提倡均衡适宜的课程，主要是考虑到了婴幼儿发展的实际情况。正如前文所述，婴幼儿的生理、心理、智力等各领域的发展是相互支持、交互影响的，每一个发展领域都很重要。此外，脑神经科学的研究成果也启示我们，人的大脑与其他器官紧密关联并以协调的方式运作，认知、情绪与社交能力的发展必然交织（National Scientific Council on the Developing Child，2007）。因此，教保课程必须注重婴幼儿各方面均衡发展。

### （二）保育作息即课程

保育作息即课程是指，保育生活环节如换尿布、如厕、饭前饭后清洁与收拾、睡觉、进餐、外出前后穿脱衣服、入园离园时的问候和道别等，是托育人员实施教育和婴幼儿进行学习的自然时刻。在这些环节，托育人员可与婴幼儿亲密对话、互动，让教育自然发生。此外，在保育作息中难免出现一些突发事件，它们也是实施教育的大好时机，因此托育人员应重视生活中蕴含的学习价值。

之所以将保育作息视为课程，主要是因为：（1）保育生活事项或环节是婴幼儿生活的主要部分和婴幼儿照护工作的重点，纯粹的教育活动时间毕竟有限，在保育作息中与婴幼儿亲密对话和互动，或因应对突发事件而对婴幼儿实施随机教学，均反映了"在生活中学习"的理念；（2）保育作息中的互动有助于托育人员与婴幼儿建立亲密的关系，促使婴幼儿获得安全感和信任感，而安全感和信任感又是他们探索周围环境的强有力基础；（3）保育作息中的互动还可以促进婴幼儿各领域的发展，比如，不断对话可促进婴幼儿的语言发展，同时在耳濡目染之下婴幼儿将习得与保育生活有关的一些知识，并养成与他人合作完成任务的习惯等。

### （三）游戏和探索即课程

游戏和探索即课程是指，游戏和探索是婴幼儿学习的主要方式，也是婴幼儿教保课程的主要内涵，婴幼儿教保课程中宜充满游戏和探索的成分，包括：

创设室内外游戏和探索环境（尤其是活动室内的多元区域），提供具有发展适宜性的玩教具，以及设计和实施区域与小组游戏活动等。为什么提倡游戏和探索即课程？主要是基于以下考虑：（1）游戏和探索是婴幼儿认识世界的主要方式，他们在游戏中探索，也在探索中游戏，二者相互交织，因此提倡游戏和探索即课程既满足了婴幼儿的游戏需求，也顺应了他们在探索中建构认知的发展特点；（2）游戏能够促进婴幼儿的各方面（如社会情绪、语言、认知能力等）发展（周淑惠，2013；Copple & Bredekamp，2009）；（3）游戏和探索可以培养婴幼儿具备在未来社会赖以生存的重要能力，如探究力、创造力与合作共构力等（周淑惠，2017，2020，2022），让他们在未来与人工智能机器人的竞争中处于不败之地。

### （四）鹰架婴幼儿的学习

鹰架婴幼儿的学习是指，托育人员在照护婴幼儿的过程中或在教保活动中，不仅着眼于婴幼儿现阶段的发展，还针对婴幼儿的潜在发展提供具有一定挑战性的经验并给予各种支持与协助，使婴幼儿正在发展中的能力得到提升，托育人员在其中犹如建筑施工中的鹰架，起到了重要的支撑和辅助作用。那么，为何主张鹰架婴幼儿的学习呢？主要是基于以下几个理由：（1）婴幼儿具有"最近发展区"（zone of proximal development，ZPD），最近发展区是指婴幼儿的实际心理年龄层次（现在的发展表现）与他们在他人的协助下所表现的解决问题层次之间的区段（Vygotsky，1991），这表明婴幼儿存在正在成熟中的能力（见图1.4），在较有能力的同伴或成人的协助与支持下，这一能力或区段将得到延伸和发展；（2）婴幼儿的发展具有连续性与渐进性，今日的发展与明日的发展不可分割，尤其是潜能的开发，因此成人宜适当地促进其发展和成熟；（3）婴幼儿的发展需要成人的鹰架和引导，比如，婴幼儿的专注力、记忆力、思考力等较弱，有赖于成人引起他们的注意、提示关键点、组织经验、调节信息难度等，以帮助其发展与学习（NSTA，2014），这也表明了最近发展区的存在与成人协助的必要性。

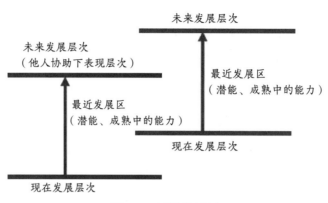

图 1.4　最近发展区

### 三、发展适宜性教育的运作基础——与婴幼儿、家庭的关系

发展适宜性教育的第三个重要理念是与婴幼儿及其家庭建立关系，它关乎整个框架的运作，是整个框架运作的基础。

#### （一）与婴幼儿建立亲密关系

托育人员必须与婴幼儿建立亲密关系，以利于发展适宜性教育的实施。对婴幼儿而言，在生命的早期阶段与照顾自己的成人建立关系尤其是依附关系非常重要，是他们健康地发展与学习的基础（Copple et al.，2011；Shonkoff & Phillips，2000）。依附关系是指婴幼儿自出生起与照护者之间建立的亲密情感联结，能够使婴幼儿在面对压力时得到安慰，也让彼此保持愉悦的情绪（林美珍等，2007）。简而言之，依附关系是指婴幼儿与照护者之间的一种身心相连、相互依赖的亲密关系。这是一种基于"给予与回应"式互动而建立的关系，比如，婴儿通过咿呀声、哭声、表情与姿势来寻求互动，成人接收到信号后，以同样的声音、表情或姿势做出回应（National Scientific Council on the Developing Child，2004，2007）。换言之，这是一来一往地响应彼此需求的"互惠式社会化"循环过程（Feldman，2012），也是彼此"同步互动"、共享正向情绪的"情绪共舞"历程（Gonzalez-Mena & Eyer，2018），让婴幼儿与照护者建立情感上的亲密联结。

　　根据研究，当照护者具有敏觉性且经常与 1.5 岁儿童进行语言互动时，儿童较易产生亲社会行为，如分享、帮助等（Newton et al.，2016）。伯克（Berk，2001）的综合研究指出，在 1 岁时被敏锐回应、悉心照顾的婴儿，相较于很少被回应或延迟回应的同伴，在探索外在世界时是自信的、坚忍的，较少哭泣，较多地运用肢体动作和语言去表达他们的想法。这种基于爱的关系鼓励婴幼儿表现出更成熟的行为，也是帮助他们掌握许多能力（如自主、自信、顺从与合作、知道他人的需求、同理心与同情等）的跳板。婴幼儿与照护者之间建立的这种良好关系所产生的影响力，会延伸至成年阶段。依附关系有四种类型，其中最为理想的是"安全型依附关系"，即婴幼儿把主要照护者视为安全感的来源。研究显示，拥有安全型依附关系的 1 岁男婴相较于同伴，长大后较少有心理方面的困扰，其社会性发展更为正向（Feldman，2012）。斯路夫（Sroufe）等人的研究发现，在婴儿期建立了安全型依附关系的学前儿童，相较于对照组儿童，有较高的自尊、社交能力和同理心；后续研究追踪至他们成年后发现，他们有较成熟的社交技巧，能与人建立稳定且令人满足的亲密关系，受教育水平通常也较高（引自 Berk，2013）。

　　情绪与社会性发展息息相关。当婴幼儿的心理需求和饥渴冷热等生理需求得到照护者的积极回应时，他们就会感受到快乐与可预期的爱，而爱是人际关系的黏合剂，随着婴幼儿成长，他们将逐渐以健康的方式建立人际间的联结和世界观；反之，如果照护者的回应经常是难以预期的，或照护者的态度是冷漠的、粗鲁的，那么久而久之婴幼儿的愤怒、悲伤等情绪就难以得到调节与恢复，他们就会形成消极的世界观或扭曲的心理状态，从而影响其社交能力的发展（康学慧，2022）。脑神经科学方面的研究指出，经常面对压力的儿童，如被忽略、威胁、虐待、抛弃等，其大脑结构上会出现很大的洞，他们易形成暴力、战斗倾向，无法与人建立良性的关系，而且大脑上的洞无法自行修复，成人后仍然存在。可以说出生后的前几年，人的成长状态已定（Brownlee，2017）。由此可见，与婴幼儿建立亲密关系是何等的重要！

　　婴幼儿的语言学习、社会性发展与自我管理行为，都发生在婴幼儿与父母或其他照护者的亲密关系情境中（Shonkoff & Phillips，2000）；与可信任的成人建立强烈的、充满爱的关系，为婴幼儿提供了探索世界的安全堡垒，对他们的认知发展有所帮助（Copple & Bredekamp，2009）。大脑依靠基因与经验的交互作用而发展，在婴儿与父母或其他照护者进行的给予与回应式亲密互动中，大脑中的神经网络结构逐渐形成。因为大脑中的各个区域是高度相互关联的，必须以协调的方式运作，所以婴幼儿情绪上的平和状态与社会能力的发展为其认知能力的萌发提供了一个有力的基础，它们共同形成了人类发展的根基（National Scientific Council on the Developing Child，2007）。也就是说，婴幼儿在关系情境中体验世界，而这些关系影响着他们各方面的发展。总之，在生命早期建立的安全型依附关系对于婴幼儿大有裨益，即有助于他们的自信心、自在感、学习力、社交技巧、成功的多元关系以及情绪理解能力、道德感的发展。同样地，在托育机构中托育人员提供的温暖支持，也会促进婴幼儿的发展，使他们在学龄阶段具有较强的社会能力、较少的问题行为、较强的思考与推理能力（National Scientific Council on the Developing Child，2004）。

### （二）与家庭建立平等互惠的关系

基于社会文化论的发展适宜性教育主张，托育人员必须与家庭建立平等互惠的关系，甚至是伙伴关系。社会文化论认为，家庭在孩子的学习过程中扮演着重要角色，因此，家园合作非常必要（Daniel，2011）。婴幼儿的家庭文化背景不同，他们的发展与学习受到的家庭影响也不同。在开展教保活动前，托育人员必须先了解婴幼儿的发展水平，考虑他们不同的家庭文化背景。针对初到托育机构的婴幼儿，托育人员了解他们的最直接方式就是与婴幼儿父母沟通，因为父母对婴幼儿的了解程度远非托育人员可比，他们是这方面的"专家"。托育人员可向婴幼儿的父母了解有关孩子个人的重要信息，如喝奶习惯、如厕状况、睡觉习惯、过敏物，以及喜欢玩的玩具、吃的食物、听的音乐等。托育人员还可向婴幼儿父母了解其家庭方面的重要信息，如文化背景、风俗习惯、价值观、组成成员及其之间的关系等。以上举措，能够让婴幼儿父母在感到安心的同时，放心地将孩子送到托育机构，交给托育人员。除此之外，如果托育人员还能够定期向婴幼儿父母提供有关婴幼儿学习与发展的记录，就会让他们感受到托育人员的用心与爱心，从而更能促使家长与托育人员相互分享信息并共同合作等。

每个家庭都有其自身的文化背景，这就要求托育人员秉持平等、尊重与互惠的立场重视家庭文化差异，诚心地与家长沟通教养理念，以期相互理解、达成共识，甚至建立伙伴关系。托育机构的各项教保实务或课程，比如，像自行进食、穿脱衣鞋、如厕训练等生活自理技能的培养，像游戏时轮流与等待、游戏后收拾与整理、均衡饮食且不偏食等常规或生活习惯的养成，像辅食的添加、问题行为的辅导等，只有获得家庭的关注与密切合作，才能行之有效。如果托育机构和家庭对婴幼儿的要求不一致，那么就会导致婴幼儿无所适从或迎合对其有利者，结果事倍功半，婴幼儿永远都无法取得进步或养成良好的生活习惯。所以，托育机构与家庭建立合作伙伴关系是非常必要的。每日除了通过书面联系外，托育人员还可以在家长早晚接送孩子时与他们口头交换信息，或者通过电话、通信软件与家长交流，双方可以分享孩子的进步、新学到的小技能以及需要彼此配合的事项等，从而促进发展适宜性教育的落实。斯库利等人（Scully et al.，2015）指出，幼教机构与专业人员应秉持"以家庭为基础的理念"，与家庭建立正向互惠的关系，这虽然是一个高远的目标，却应成为关注的焦点。

## 四、发展适宜性教育的理论根基——社会文化论

发展适宜性教育的第四个重要理念是社会文化论，它也是发展适宜性教育的理论根基。社会文化论认为，人类生存于社会文化情境中，其学习与发展受到社会文化的深远影响。简而言之，人类的心智生活起源于社会，知识与思考根源于社会文化，高层次的心智功能源自社会以及与社会互动的结果，即在社会互动中通过亲密关系与语言的沟通桥梁作用，达到相互主体性（也叫主体间性，intersubjectivity）或共享理解（shared understanding）的境界，最后形成个体的心智（Berk，2001；Vygotsky，1978）。也就是说，我们的认知大多是

从家庭和社会文化的活动与经验中演化而来的，是情境化的（Berk & Winsler，1995）；而语言是主要的心智工具，是外在社会与个体内在心智沟通的桥梁，它对于心智的作用犹如工具对于身体的作用一样（Bodrova & Leong，2007）。

与皮亚杰的认知建构论不同，维果茨基的社会文化论虽然也重视探究是获得知识的一个重要元素（Zuckerman et al.，1998），但是更强调"儿童与成人共同建构知识"，强调儿童在整个社会文化中与人互动，并且是在以语言为桥梁的鹰架中发展与学习的。既然人类的心智是在社会文化中形成的，那么课程与教学自然强调社会建构论，因此以社会文化论为理论根基的发展适宜性教育指出了社群共构的学习方式（Copple et al.，2011；Copple et al.，2013）。

维果茨基除了指出社会文化对儿童发展的影响外，还提出了最近发展区的概念（Vygotsky，1991）。维果茨基认为，教学唯有走在儿童发展之前，唤醒并激发儿童生命中正在成熟的功能，才是好的教学（Vygotsky，1978）。伯克（2001）指出，对维果茨基而言，教学的目的就是为儿童提供处于其最近发展区的经验，虽然这些经验具有一定的挑战性，但儿童可以在成人或更有能力的同伴的引导下完成。因此，教学不仅要符合儿童当前的发展状态，也要创造儿童的最近发展区，提升其认知发展层次。这一观点挑战了当前幼教界所持的假定——开放自由的游戏对幼儿是最适宜的，教师在其中扮演着不干预的角色（Edwards et al.，2010；Fleer，2010）。基于社会文化论的发展适宜性教育，主张鹰架、有意图的教学、高质量的游戏等师幼共构观点。

如图 1.5 所示，社会文化论综合来说主要强调以下几点。

1. 共同建构——幼儿虽然具有独自建构知识的能力，但是他们处于社会文化中并受社会文化的影响，通过与人共同建构来获得知识，即人类心智生活源自社会。

2. 鹰架引导——幼儿存在最近发展区，教学必须提供具有一定挑战性的经验与鹰架引导，以创造幼儿的最近发展区，进而激发他们的潜能。

3. 语言心智工具——语言是个体内在与社会间的心智桥梁，即沟通、表征与探究的工具，是婴幼儿学习的中介。（周淑惠，2017）

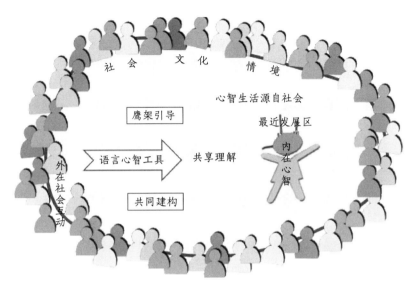

**图1.5　社会文化论**

　　虽然发展适宜性教育的理论根基是社会文化论，但它是综合多方理论与文献而提出来的，因此其他儿童发展理论也能或多或少地解释一些儿童发展与学习的现象。例如，布朗芬布伦纳（Bronfenbrenner，1979）的"生态系统理论"指出，儿童受到巢状结构的多层次环境系统的影响，尤其是处于内层（微观系统）的教师与父母的互动关系，以及幼儿园与家庭的联结关系。这启示我们，托育人员和父母在婴幼儿的发展中扮演着重要角色，托育机构与家庭之间的合作至关重要（周淑惠，2006）。总之，每一种儿童发展与学习理论对于我们理解婴幼儿的发展都有一定的帮助，因此本书在必要的情况下也会适当地援引相关理论。

# 婴幼儿发展概况与教保原则

在发展适宜性教育框架下为婴幼儿提供教保课程，是本书的宗旨。婴幼儿全面发展是婴幼儿发展适宜性教育的课程关注焦点，也是教保课程设计的目标，更是四项核心实践需要考虑的中心。无论是均衡适宜的课程、保育作息即课程、游戏和探索即课程还是鹰架婴幼儿的学习，均需以婴幼儿发展为理念，只有这样才有助于教保课程的落实。在充分探讨教保课程的四项核心实践前，我们首先需要理解婴幼儿的全面发展特点。所以，本章前四节依次探讨了婴幼儿各领域的发展概况（即婴幼儿的横向发展），如社会情绪、身体动作、认知及语言等，并于第五节探讨了各重要阶段的发展焦点（即婴幼儿的纵向发展）。因为前四节均提出了各领域对应的教保原则，所以第五节对这些教保原则进行了分析和总结，以期读者能更加充分地理解婴幼儿发展的面貌与相对应的教保策略，促进婴幼儿教保课程的具体落实。

本书将婴幼儿的发展分为四个领域：社会情绪领域包含自我看法、自我情绪与调节、与人发生关联、亲社会行为和人际关系；身体动作领域既包含大肌肉的粗大动作与小肌肉的精细动作，也包含身体健康状态，本书还将日常生活情境中涉及许多精细动作、卫生保健习惯的生活自理能力也归为身体动作领域，如自我进食、洗手、刷牙、如厕、穿脱衣鞋等，它们有赖于婴幼儿在保育作息中逐渐地形成；认知领域包含感觉与知觉、记忆与思维、解决问题、概念发展、想象等，因为认知主要是指人们获取知识与运用知识的过程，是信息或知识进入个体后经过心智处理再被用来解决问题的完整历程；语言领域与认知领域密不可分，有些学者将其归为认知领域，的确，语言一向被视为心智工具，语言表征让人类的思维越发清晰。语言领域涵盖的层面很广，包含接受性语言和表达性语言，涉及听说读写能力。

基于对婴幼儿发展相关文献（王佩玲，2013；林美珍等，2007；周淑惠，2018；叶郁菁等，2016；龚美娟等，2012；Berk，2001，2013；Copple et al.，2013；Feldman，2012；Gonzale-Mena & Eyer，2018；Shonkoff & Phillips，2000；Wittmer & Petersen，2018）的综合与分析，本书详细探讨婴幼儿各领域发展的概况。

# 第一节　社会情绪领域发展概况与教保原则

本节分为两个部分，首先探讨婴幼儿社会情绪领域的发展概况，其次提出相对应的教保原则。婴幼儿社会情绪领域的发展概况包含发展的趋势和发展的影响因素两个方面，它们是相对应的教保原则提出的依据。

## 一、社会情绪领域的发展概况

### （一）发展的趋势

婴儿出生后首先接触的是其照护者，随着时间的推移，他们逐渐与照护者建立情感联结，形成依附关系。在这个过程中，婴幼儿会直接表达自己的情绪，比如：当他们的需求得到满足时，他们会表现得很快乐和愉悦，反之则感到悲伤和愤怒；当面对意料之外的情境时，如遇到陌生人、照护者离开，他们会表现出恐惧或害怕的情绪。在六七个月大时，婴儿开始出现"陌生人焦虑"，继而因不满与依附对象分离而出现"分离焦虑"情绪，这种情况在近2岁时达到高峰。根据研究，如果儿童能够在这个阶段建立最理想的安全型依附关系，那么这对他们以后的社会性发展会有所帮助。在同伴关系方面，6个月以上的婴儿会对同伴产生兴趣，1—2岁时偶尔出现将玩具交给同伴玩的行为，但这还不是真正的合作行为。由此可见，在社会性的发展方向与趋势上，婴幼儿是先与照护者建立关系，再发展同伴关系。难怪费尔德曼（Feldman，2012）认为，婴幼儿时期最重要的社会性发展，就是与主要照护者之间情感联结的建立或依附关系的形成。

从游戏的社会性发展过程，我们亦可看出婴幼儿在社会领域的发展趋势。根据帕滕（Parten）的研究，2—2.5岁幼儿较常"单独游戏"，2.5—3.5岁幼儿出现了在同伴附近玩但彼此并无交集的"平行游戏"，3.5—4.5岁幼儿出现了有点类似或关联但无合作事实的"联合游戏"，至于真正有交集、有目标的"合作游戏"则发生在4.5岁以后（Isenberg & Jalongo，1997）。我们还可以从某一具体的游戏如戏剧游戏的角度看婴幼儿的社会性发展。2—3岁时，幼儿出现戏剧游戏（或假扮游戏、扮演游戏），然而彼此协商剧情发展、以人为取向的高阶社会性戏剧游戏要在三四岁后才会出现（Fein & Schwartz，1986；Smilansky & Shefatya，1990）。由此可见，儿童的游戏是由独自游戏状态逐渐发展到与人合作的状态，0—3岁婴幼儿则大约发展至与同伴身体彼此接近但实际无交集的平行游戏状态，之后才开始萌发社会性戏剧游戏。表2.1呈现了婴幼儿的社会情绪发展趋势。

表2.1　婴幼儿社会情绪发展趋势

| 0—1岁 | 1—2岁 | 2—3岁 |
| --- | --- | --- |
| • 处于建立特定依附关系的过程中<br>• 直接表达情绪→出现陌生人焦虑、分离焦虑（六七个月时开始出现）<br>• 对同伴产生兴趣（6个月以上） | • 分离焦虑情绪最高涨<br>• 单独游戏（偶尔出现将玩具交给同伴玩的情况）<br>• 开始出现戏剧游戏（2岁前） | • 单独游戏→平行游戏（游戏距离接近但无交集）<br>• 由戏剧游戏开始走向社会性戏剧游戏 |

### （二）发展的影响因素

婴幼儿的社会性发展趋势是从与照护者的关系发展到同伴关系，婴幼儿的情绪体验与发展也源自与照护者的关系，因此与照护者的关系影响着婴幼儿的社会情绪发展。的确，当婴幼儿有一些生理或心理需求时，或当婴幼儿面临压力时，一个充满爱心、积极回应的照护者能满足他的需求、缓解他的压力，也为他营造了一个可预期的、充满安全感和信任感的环境，为他打下管理自己情绪的根基，给他带来正向的世界观与人际关系（康学慧，2022）。而当婴幼儿哭泣却屡屡得不到成人的回应时，因为他的需求一直无法得到满足，所以他可能会产生习得性无助感。有时候，婴幼儿也可能是在历经了激动、愤怒甚至抓狂的强烈情绪后才得到照护者的回应，这反而强化了婴幼儿以负面情绪做出反应与面对压力的行为，导致他很难学会如何调节或平复自己的情绪，成人也很难引导他去学到重要的能力（Berk，2001）。诚如第一章第二节在探讨发展适宜性教育的运作基础时所提及的，与照护者建立情感联结，不仅影响婴幼儿的社会情绪发展，而且对于他们以后各种能力的增长也有帮助（National Scientific Council on the Developing Child，2004）。因此，照护者与婴幼儿的情感联结或照护者回应婴幼儿的方式，对婴幼儿的社会情绪发展特别重要。

此外，当婴幼儿面临不确定、不熟悉的情境时，比如，是否可以在草丛中翻滚、是否可以接近这个不熟悉的人、这个新奇的玩具是否安全、是否把玩具分享给来访的小朋友等，他们多半会仰赖照护者的情绪表达或面部表情来评估情境并引导自己的行为，这就是所谓的"社会性参照"（social referencing）（林美珍等，2007；Berk，2013；Feldman，2012）。以上这些说明，照护者与婴幼儿的情感联结，在婴幼儿的情绪发展以及待人处事等社会性发展方面扮演着举足轻重的角色；也说明，它是发展适宜性教育的运作基础。

### 二、社会情绪领域的教保原则

基于婴幼儿的社会情绪发展特点与影响因素，笔者提出以下几项有利于婴幼儿社会情绪发展的教保原则。

#### （一）以关爱之心敏锐且愉悦地回应婴幼儿的需求

托育人员首先需要与婴幼儿建立情感联结，因为亲密的关系或依附关系是影响婴幼儿发展社会情绪技巧的主要因素（Gonzalez-Mena & Eyer，2018）。当婴幼儿一有动静时，托育人员就应敏锐地觉察其可能的需求，并迅速适宜地做出回应，愉悦地与他们互动。也就是说，托育人员宜秉持关爱之心关注婴幼儿的一举一动，适当地以肢体动作或语言响应婴幼儿的需求，让婴幼儿在有来有往的情绪共舞中被满满的爱包围，感受温暖与可预期的爱，产生安全、信任的感觉，以促进婴幼儿的情绪调节与人际交往能力的发展。当然，先决条件是托育人员要有意识地建立一个充满关爱气息的学习共同体并诚挚地经营爱的关系，让每个婴幼儿都有归属感与幸福感。

#### （二）创设可疏解不良情绪的环境

有利于婴幼儿情绪发展的托育机构环境应该包含规律但不失弹性的作息时间，让婴幼儿可以预期事件的发生，避免诱发不良情绪，也应该包含有助于婴幼儿疏解不良情绪的环境氛围和环境设置。有研究表明，婴幼儿聆听歌声的时间约是聆听说话声的时间的两倍，因为歌声具有规律的节奏与旋律，能抑制忧伤情绪，维持心情平静的状态（Corbeil et al.，2015）。因此，托育机构在保持整洁舒适、温馨如家的基础上，可经常播放歌曲，让婴幼儿保持平和的情绪。此外，托育机构还可设置帮助婴幼儿疏解不良情绪的区域并投放相关的玩教具，比如：设置"情绪区"，播放背景音乐，并内附可疏解不良情绪的抱枕、豆袋、填充娃娃玩具等；设置"心情角"，即在教室的一角用纸箱或帐篷搭建一个温馨的空间，让情绪失调的婴幼儿可以在此调适情绪。没有多余空间的托育机构，可将绘本故事区或阅读区布置得温馨舒适一些，如柔和的灯光、大抱枕等，让情绪不佳的婴幼儿可在此休憩片刻。

#### （三）示范与协助婴幼儿调节情绪

婴幼儿依靠社会性参照来表现自己的情绪与行为，加上他们具有很强的模仿能力，因此，托育人员应随时随地注意自己的情绪状态，向婴幼儿示范适宜的情绪表达和调节方式，并帮助他们调节或管理自己的情绪。比如：引导婴幼儿接受自己的情绪和感受；协助幼儿运用语言命名和描述当下的情绪；引导幼儿通过敲打物体（如黏土、沙袋等）来疏解不良情绪；引导幼儿通过转移注意力的方式（如玩喜爱的玩具、聆听喜欢的音乐等）来舒缓情绪；等等。

### （四）为婴幼儿提供与他人发生关联的经验

与他人发生关联是建立人际关系的第一步，因此托育人员可以给婴幼儿提供与他人发生关联或玩平行游戏的经验，比如：将两个平时很少互动的婴幼儿安排在一起，指着他们身上都有同样图案的衣服谈论，以引起他们对彼此的关注；创设可一起游戏的情境，如倒出一桶积木，摆放两端均可串珠子的串珠教具，提供四面都可玩的"戳插乐"教具，或领着一个比较害羞的幼儿进入积木堆中，与其他幼儿平行游戏等。当两组幼儿玩不同的戏剧游戏时，托育人员可发挥鹰架作用，将两组幼儿的不同游戏内容刻意地融合或扩展，比如，将看病游戏与餐厅游戏结合，变成幼儿看完病后到餐厅用餐的"剧情"，这样不仅让幼儿与他人发生了关联，还借机将他们的游戏引向社会性戏剧游戏，提升了游戏的层次。

此外，托育人员还可以通过刻意设计一些小组活动，达到让婴幼儿间发生关联的目的。比如，在"小兔子来拜访"或"球球旅行记"活动中，围成一圈的幼儿随着故事情节的推进将小兔子玩偶或皮球从一个孩子手中传递到另一个孩子手中，彼此间自然地发生关联。再比如，在"宝贝篮"活动中，当围坐在篮子边的幼儿拿出玩具探索或把玩时，托育人员可顺势引导其他幼儿注意他人手中与自己手中具有共同特点的物品，如小铃鼓与手摇铃（都可以发出声音）、齿梳与排梳（都可以梳头发）等，并且鼓励幼儿分享玩具一起玩。与他人发生关联的更高层次是与他人合作，2—3岁幼儿在游戏中开始出现合作行为，因此托育人员应多设计一些能引发幼儿合作完成任务的活动或情境。

## （五）鼓励与示范亲社会行为

轮流、等待、分享、感恩、同理及同情等亲社会行为，是良好人际关系的催化剂。托育人员要在生活作息与游戏情境中自然地示范亲社会行为，让婴幼儿在耳濡目染中模仿和习得。比如，当有人送你东西时，对他礼貌地说"谢谢"或给予他一个大大的拥抱；当学步儿不小心跌倒时，给予他同情的安慰；当你扶着一个孩子走学步梯桥时，对她说："米亚也想玩，你已经玩了很久，我们下去让他上来，轮流玩哦！"值得注意的是，婴幼儿非常在意成人的想法或认可，因此当他们表现出亲社会行为时，你要大大地夸赞他们，以强化他们的行为。比如，你可以说："君君，你很棒！你与欣欣分享了玩具，两个人一起玩。""刚刚欣欣哭了，我看到米亚安慰她，米亚真棒呀！"

## （六）鼓励与引导幼儿解决社会冲突

尚在成长中的婴幼儿很容易发生冲突，如争抢玩具、推挤他人等。解决社会冲突是婴幼儿社会性发展中很重要的组成部分，不过，这种能力的习得需要成人的鹰架与协助。当幼儿之间发生冲突时，成人应引导他们说出自己的感觉并让彼此听到，帮助他们达成协议并夸赞他们的良好表现。比如，欣欣推倒了米亚搭建好的积木建筑，米亚生气地推了欣欣一下，致使欣欣躺在地上大哭，托育人员在确认了欣欣没有受伤并安慰她后，对米亚说："我知道欣欣推倒你辛苦搭建起来的积木，让你很难过，也很生气！来，告诉欣欣你的感觉。"请欣欣告诉米亚她被推倒后产生的疼痛感觉，然后重复说出他们的感觉；接着，向双方清楚地指出他们的行动与结果之间的因果关系，如欣欣推倒积木（因）导致米亚难过（果），米亚推倒欣欣（因）导致欣欣身体很疼（果），然后询问他们应该怎么办并引导他们付诸行动。在这个过程中，受语言表达能力的限制，幼儿有可能无法清楚地描述自己的感觉，但是托育人员可以运用"对话补说"策略，在旁协助他们进行语言表达，也可以引导幼儿运用肢体语言表达疼痛、生气的感觉或说"对不起"等。

# 第二节　身体动作领域发展概况与教保原则

本节将首先探讨婴幼儿身体动作领域的发展概况，其次提出相对应的教保原则。在探讨婴幼儿身体动作领域的发展概况时，笔者将针对发展的趋势和影响因素进行论述，以作为提出相对应的教保原则的依据。

## 一、身体动作领域的发展概况

### （一）发展的趋势

婴幼儿的身体动作朝着越来越可控、越来越细致的方向发展，且是可以预测的。婴幼儿的身体动作发展遵循以下三个基本原则：由上而下，由中而外（也叫由近及远），由大肌肉群至小肌肉群。其中，由上而下原则是指由上面的头部逐渐发展至身体下面的其他部位；因此，婴幼儿先会控制头部（抬头），然后是能够坐起，最后是能够站立。由中而外原则或由近及远原则是指由身体的中心发展到外围；因此，婴儿先会控制身体躯干再到控制手部，先会控制手臂再到控制手指。由大肌肉群至小肌肉群原则是指由粗大动作逐渐发展至精细动作；因此，婴儿先是用整个手臂横扫过物品将其环抱住，之后是用手掌握物，1 岁左右时才能运用手指夹取物品。

表 2.2 呈现了婴幼儿的身体动作发展趋势。总体而言，婴儿在两三个月大时能将脖子挺直，三四个月大时能翻身，六七个月大时能自己坐稳，8 个月大时能爬行，10 个月大时可以扶着东西站起来走，12 个月大时可以自己走并能用手指夹取东西，18 个月大时能走得很稳。2 岁时，幼儿可以自行上下楼梯，也能踢球，并能一页页地翻图画书。2—3 岁时，幼儿能在不扶着东西的情况下双脚同时离地跳起，能在大型玩具上走，能够攀爬有间隙的悬吊梯阶，并能模仿折纸动作。值得注意的是，以上发展情形存在个体差异，只要婴幼儿大致符合发展趋势或方向即可。例如，有些 10 个月大的婴儿能自行站起来行走，有些 18 个月大的学步儿已经能跑动捡球。

表 2.2 婴幼儿身体动作发展趋势

| 0—1 岁 | 1—2 岁 | 2—3 岁 |
|---|---|---|
| • 抬头撑起上半身→翻身→坐→爬→开始走路<br>• 用手臂环抱物品→用手掌握物→用手指夹取东西 | • 走路→走得很稳→能上下楼梯（双脚一个台阶）<br>• 能一页页地翻图画书 | • 会跑、双脚跳→双脚交替上下楼梯<br>• 能模仿别人折纸 |

## （二）发展的影响因素

婴幼儿的动作发展趋势是成人协助婴幼儿发展动作的重要参照。近年来，新兴的儿童发展理论"动态系统理论"（dynamic systems theory）被大量运用于研究儿童的身体动作发展，它认为儿童的身体、心灵与社会性形成了一个整合的系统，此系统经常变动，而只要其中某部分改变，系统内的各个部分就会再度共同运作，促使儿童重组自己的行为（Berk，2013）。根据此理论，身体动作的发展依赖某些能力之间的协调运作，如爬行动作由踢腿、移动四肢与碰触能力协调而成。每一个新动作技能都受多种因素的共同影响，如中枢神经系统、身体动作能力、引发动作技能的目标以及环境对该动作技能的支持程度等。简而言之，儿童的身体动作是以系统的方式发展的，新动作技能依赖一些已习得能力的组合与协调，而非个别动作孤立地发展，而且有多种因素共同影响婴幼儿动作的发展。

从动态系统理论出发，婴幼儿的某项身体动作在发展过程中经常于进退间徘徊，呈现不稳定的状态，这是动作发展走向成熟的必经之路。在身体动作发展过程中，婴幼儿经常进行练习是必要的，它有助于巩固婴幼儿大脑中已经建立的神经联结，帮助他们掌控动作（Berk，2013）。比如，12—19 个月大的儿童平均每小时走 2368 步，跌倒 17 次，因此投入大量时间进行各种练习是幼儿学习走路之道（Adolph et al.，2012）。再比如，刚会走路的幼儿很喜欢来回徘徊、携带着物品走路、将物品倒出与放入，他们就是在练习大、小肌肉动作技能。因此，托育机构要有可供婴幼儿自由探索的室内外空间与丰富的玩教具，让婴幼儿有机会运用并发展大、小肌肉动作技能。

除了自发性练习外，引发动作技能的目标与外在环境的支持也会影响婴幼儿的身体动作发展。引发动作技能的目标，顾名思义是指诱发婴幼儿产生动作的目标，它涉及与认知有关的动机，比如，如果婴儿想要拿到无法伸手可及的摇铃，他就必须发展翻身或爬行技能，这就是动态系统理论对婴幼儿动作发展的价值（Feldman，2012）。外在环境的支持是指照护者的鼓励、安全与可探索的环境以及环境中有吸引人的物体等，让婴幼儿得以发展动作技能。事实上，婴幼儿的许多身体动作的发展都得益于父母或其他照护者的支持。我们常常看到父母以各种姿势与婴幼儿互动，比如：父母让婴儿趴着，头部上仰，并以玩具吸引他伸手拿取；让婴儿仰卧，并用手将其上身拉起或助其侧翻；将婴儿抱在怀里左右摇摆，或将其向上高高举起等。以上亲密的互动和父母给予的支持让婴儿获得了极大的欢愉感，同时为婴儿提供了许多发展动作技能的机会。由此可见，任何发展都建立在亲密关系的基础上。

## 二、身体动作领域的教保原则

基于婴幼儿的身体动作发展特点与影响因素，笔者提出以下几项有益于婴幼儿动作发展的教保原则。

### （一）以多种姿势与婴幼儿互动，并为其提供练习机会

从能够抬头撑起上半身，到能够翻身、坐起、爬行、走路，再到能够跑步、上下楼梯等，婴幼儿的各个动作能力依次发展并相互依赖，共同影响着下一个动作的发展，因此，每一个动作发展都很重要，都需要练习的机会。所以，托育人员应运用多种姿势与婴幼儿互动，为其提供练习动作的机会。比如：不断变换怀抱婴儿的姿势，包括横抱摇摆、竖抱举高等；坐在地板上，手扶着婴儿站在自己的腿上；仰卧在地板上，用双手双脚撑起婴儿的身体，与他对视；手脚着地撑起身体成弓形，让婴儿来回地穿梭爬行；当婴儿仰卧在地板上时，握着他的四肢轻轻舞动；当婴儿爬行时，轻轻托着他的双腿，让他以手代脚撑地前行。对于年龄大一点的学步儿，托育人员也要在保证他们安全的前提下与他

们互动，并提供不同层次或涉及不同空间高度的动作练习机会。比如，鼓励学步儿在行进中蹲下捡物、扶着柜架前行取物、扶着阶梯或坡道走路、玩滚球接球游戏、玩踢球与追球跑等，托育人员则顺应与配合学步儿的不同动作、姿势，在旁给予支持。

### （二）为婴幼儿提供安全、适度开放的环境与适宜的挑战

婴幼儿的动作技能发展经常出现反复，而且他们常常出人意料地前后翻滚，尤其是年龄小的婴儿，因此，托育人员要特别关注婴幼儿在小床和尿布台上的安全问题。此外，婴幼儿必须经常练习与巩固爬、走、跑、跳等动作技能，因此，托育人员要为其提供安全、适度开放的环境，既让婴幼儿尽情地练习这些动作技能，又不至于迷失在过于开放的环境中。比如，地板上没有可能导致婴幼儿跌倒的翘起边角，柜体平稳地固着于地面或靠在墙边，空间中没有可能绊倒婴幼儿或缠绕婴幼儿脖子的窗帘拉绳或其他悬垂下来的线，地面上没有可能引发婴幼儿误食的细小物件（如珠子等）。有时，当空间太大或过于开放时，可能会诱发幼儿的追逐、奔跑等行为，或让幼儿感到自己很渺小，产生害怕或孤寂感。需要注意的是，安全也包含健康层面，因此，环境与玩教具的清洁和消毒、空气的流通等也非常重要。

适度开放的空间也要具备一定的挑战性，让婴幼儿有机会延伸自己的动作技能，发展潜在的能力。具有一定挑战性的空间包含层次性设计，比如，投放高低不同的平台或阶梯。当然，托育人员也可借助能自由移动的学步梯桥（有少数阶梯、平台或滑梯的梯桥结构）、攀爬架（有阶梯或网格的攀爬结构体）、可组合造型的大型积木式体能玩具等来创设这种空间。托育人员还可以设计跨越障碍的游戏来挑战婴幼儿，即放置低矮的平衡木或平台、隧道、阶梯或攀爬架等不同层次的障碍物，让婴幼儿运用各种动作技能通过。不过，这些挑战要适宜，处于婴幼儿的最近发展区，而且托育人员必须在旁提供合适的鹰架或支持。

新竹县托婴中心

大型积木式体能玩具

### （三）为婴幼儿提供促进其大、小肌肉发展的游戏与玩具

要促进婴幼儿的大肌肉发展，首先活动室里具有可清洁的运动地垫很重要，它们不仅可供婴儿在上面扭动、翻身、爬行，从而增强躯干与四肢力量，还可供学步儿练习走动、蹲下捡物、转身、跑步等，从而发展大肢体动作。其次，托育人员可根据婴幼儿的能力将大型积木式体能玩具，组合成山洞、阶梯、独木桥、斜坡甚至城堡等，不仅增加婴幼儿游戏的趣味性，还可促进其平衡能力、肌肉力量与各种动作技巧的发展。最后，可放置于室内外的推拉式学步车、骑乘式滑步车以及大型球体、大型积木等，皆对婴幼儿的大肌肉发展有所帮助。

促进婴幼儿小肌肉发展的玩教具也有很多，比如：可促进手眼协调能力发展的婴儿运动架，上面有拉环、按钮、齿轮等，供婴儿抓握、按压、转动；能被抓握的手摇铃；可用来串珠子的大串珠；需要瞄准的套环或套杯玩具；能弹跳或滚动的各种球，包括软皮球、触觉球、海滩球、洞洞球等；可敲打的钉锤；可按压或敲打的小乐器；可堆叠、镶嵌或具有磁性的各式积木；可拼到一起的平面或立体拼图；可配对的形状积木配对嵌盒；可揉捏塑形的各式黏土和面团；等等。当然，以上玩教具一定是安全的、适宜的和有质量保证的。

潭美托育家园

某托婴中心

学步车、滑步车　　　　　　　　　　　小肌肉操作教具

### （四）重视每日的户外时间

婴幼儿每天都需要有外出或接触大自然的机会。在户外时间，他们呼吸着新鲜空气，漫步于花草树木之间，在草地上爬行、学步、跑步，在游戏场地上骑着三轮车或滑步车，攀爬低矮的攀爬架等。即使是小婴儿也可以坐着小推车出去，在托育机构周边"兜风"或"散步"。走到户外，不仅对婴幼儿的身体健康很有帮助，而且可以促进他们的认知力和创造力的发展（Wittmer & Petersen，2018），因为他们会接触到风、雨、太阳、云、树、花、水、鸟儿、昆虫等自然现象与动植物，以及松果、石头、木头等可任意操作与造型的"松散性材料"（loose parts）。更重要的是，从小接触大自然，有助于婴幼儿欣赏与享受大自然的美，从中发现人、动物与植物是相互关联的，进而唤醒爱护自然的心与环境保护意识（Hoig，2015）。此外，与大自然相处，是托育人员与婴幼儿创建"共同关注"时刻、与婴幼儿进行回应性互动的大好机会，非常有益于婴幼儿的语言发展。

### （五）重视生活自理技能的培养

生活自理技能如自行进食、穿脱衣鞋、刷牙、洗手、如厕、收拾玩具等，涉及很多小肌肉的使用与发展。掌握生活自理技能，可以增强婴幼儿的自信心。因此，在儿童1岁前，托育人员就要培养他们的生活自理技能，并在日常保育作息中支持婴幼儿自然与持续地进行练习，如餐前餐后洗手、外出前后穿脱衣服等。生活自理方面涉及的小肌肉能力也可通过班级区域中的相关教具如串珠、套套杯等，加以练习或改进。托育人员还可以在游戏时间安排小肌肉操作活动，如黏土（面团）塑形活动、彩糊作画活动、"戳戳插插"活动等，以增强婴幼儿的小肌肉力量。在培养婴幼儿生活自理技能的过程中，托育人员除了具备爱心、耐心与温和且坚定的态度外，提供适宜的鹰架也是必要的。

### （六）鼓励婴幼儿自由探索并适度地激发其动机

当婴儿会趴、扭动或翻身时，他们就会试图通过连续扭动或翻滚来移动自己；当婴儿会爬时，他们就会四处爬行来探索环境；当学步儿能扶着东西走时，他们就会想方设法在空间中寻找可以扶的物体来移动自己的身躯。由此可见，探索环境是婴幼儿认识世界的重要方式。因此，只要环境是安全的、适度开放的并有丰富的设施或玩教具，托育人员就应尽量允许并鼓励他们自由探索，这样一方面有益于婴幼儿的认知发展，另一方面有助于婴幼儿的身体动作发展，也就是说，我们应将婴幼儿运用自己身体的过程视为积极学习的机会（Wittmer & Petersen，2018），这也是动态系统理论所主张的环境支持。另外，动态系统理论也重视激发婴幼儿的行为动机，因此，对于正在发展翻身或爬行技能的婴儿，托育人员可以将玩偶或其他吸引人的玩具放在他的身旁，以引发其通过翻身、扭动、爬行等动作来拿取玩具。所以，游戏环境也需要具有一定的挑战性，以拓展婴幼儿的能力。不过，婴幼儿的身体动作能力不断变化，托育人员必须随时关注他们的发展状况，并在必要时给予适宜的支持。

## 第三节　认知领域发展概况与教保原则

本节分为两个部分，首先探讨婴幼儿认知领域的发展概况，其次提出相对应的教保原则。在探讨婴幼儿认知领域的发展概况时，笔者将针对发展趋势和发展的影响因素加以叙述，以作为提出相对应的教保原则的依据。

## 一、认知领域的发展概况

### （一）发展的趋势

"物体永恒"（又叫"客体永久性"）概念是婴幼儿认知发展的重要指标。最初，婴儿不具有物体永恒概念，当玩具被一块布遮住时，他并不会去寻找，因为他认为该玩具不存在了，只有他看得到或摸得到的东西才是存在的，这就是"躲猫猫"游戏让婴儿特别兴奋的原因，因为不再存在的物体又活生生地出现在他眼前了。大约 8 个月后，婴儿开始出现有意图的行为，比如：当在 1 岁婴儿面前用布盖上玩具时，他会将布拿开以获取玩具；或者，当在他的面前取走玩具时，他会在原处寻找。这说明，此时的婴儿初步建立了物体永恒概念，但并不完整。

在有意图的行为出现后，1 岁以上的儿童开始使用物体做"实验"，以探索答案或解决问题。比如，当他们看到球从桌子上掉下去能弹跳起来时，就将手摇铃从桌子上推下去，观察其是否会弹跳。快到 2 岁时，儿童进入心理"表征"阶段，能象征性地表达头脑中想象的东西，如将圆柱体积木假装成奶瓶，开始出现假扮游戏或象征游戏。正因为以上实验与表征能力的发展，儿童在 2 岁时得以建立完整的物体永恒概念，能去好几个地点寻找离开自己视线、被移走的玩具，也就是说，即使看不到物体，他们也认为物体是持续存在的。可以说，具备物体永恒概念是婴幼儿发展阶段取得的一个重大成就。由于婴幼儿在这个阶段不断地采取不同的行动来实验，因此他们能理解简单的因果关系和做出预测，例如，当球落到沙发下面不见了时，他们会爬到沙发底下去寻找。

2 岁以后的儿童由于能更自由地移动身体来探索，同时伴随着语言的发展，他们在认知方面取得了很大进步。2.5 岁时，儿童非常喜欢问为什么并且是连番询问，常常令成人无法回答，不过其逻辑思考能力受直观经验的影响，导致他们从自我的角度来看待世界。这个年龄段的儿童基本上不具有"守恒"的概念，他们认为物体的外在形状改变了，它的本质就改变了，比如，当圆球状的黏土被搓成香肠状时，他们就不再认为它们是同一个东西。他们也持有"泛灵论"，即自然界中的事物都具有生命或意识，比如，当被大型玩具绊倒时，他们会生气地打它。此外，他们还会混淆时间与空间（或地点），即将时间与特定的空间（或地点）联结，比如，在餐桌上吃水果或点心就是早上（点心时间），躺在小床垫上就是中午（午休时间）等。

从假扮游戏的角度出发，2—3岁儿童在认知发展上取得的重大进步是心理表征能力的发展。伯克（Berk，2013）指出，在假扮游戏方面，与1.5岁儿童相比，2—3岁儿童有以下三个明显的进步之处：（1）具有以物代物或以情境代情境的能力，即他们能较灵活地运用物品或情境去游戏，不受该物品的真正用途或特定情境的限制，比如，长条积木可以是手机、蛋糕、警棍等，或将定时器拨响，假装发生了火灾；（2）逐渐不再以自我为中心，表现为他们从喂自己吃饭发展到喂小熊娃娃吃饭，到3岁时会让小熊娃娃自己吃饭；（3）游戏情节日趋复杂并走向社会性戏剧游戏，1.5岁时儿童还不能结合两个不同的动作或情节，如将吃饭与喝果汁结合起来，2岁左右他们开始表现出社会性戏剧游戏，越来越能够将不同的动作结合起来，游戏情节也日趋复杂，并且逐渐与同伴合作扮演。然而，高阶的社会性戏剧游戏要到儿童三四岁之后才会出现。表2.3呈现了婴幼儿的认知发展趋势。

表2.3　婴幼儿认知发展趋势

| 0—1岁 | 1—2岁 | 2—3岁 |
| --- | --- | --- |
| • 完全无物体永恒概念→初步形成物体永恒概念<br>• 无意图行为→有意图行为 | • 不完整的物体永恒概念→完整的物体永恒概念<br>• 能通过做"实验"来验证想法（1岁开始）<br>• 开始出现象征性表达行为（2岁前） | • 从戏剧游戏开始走向社会性戏剧游戏<br>• 受直观经验的影响，常从自我的角度来看待世界，如持有"泛灵论"、无"守恒"概念等 |

### （二）发展的影响因素

婴幼儿是在社会文化中通过与人互动而发展的，即人类的心智起源于社会。同时，因为婴幼儿存在最近发展区，所以他们需要成人或同伴为其搭建鹰架，以助其发展与学习。因此，托育人员建立一个相互关爱、相互支持的学习共同体，对婴幼儿的发展尤为重要。事实上，对婴幼儿而言，他们几乎所有的经验都是在与成人的关系中学习的（Wittmer & Petersen，2018）。当会爬、会走的婴幼儿信任成人并在与成人的关系中感到自在时，他们就会开始探索周围环境，此时，他们将熟悉的、关爱他们的照护者或他们与照护者之间建立的依恋关系作为对外探索的安全基地，他们紧紧地待在照护者附近并不时地回头看看他们，或在探索完后回到安全基地（Berk，2013；Copple & Bredekamp，2009；Wittmer & Petersen，2018）。在持续游戏和探索中，婴幼儿得以认识世界，获得社会情绪、身体动作、认知等各方面的发展。因此，促进婴幼儿认知发展的先决条件是他们与成人建立依附关系（Gonzalez-Mena & Eyer，2018），在相互关爱的学习共同体中游戏和探索，并不时地被成人鹰架。

此外，婴幼儿也依靠模仿而学习，模仿帮助他们联结自己与他人，具有社会沟通功能（Meltzoff，2011）。脑科学研究指出，大脑内的镜像神经元可让人观察到他人的行为，进而做出相同的行为（Feldman，2012；Meltzoff，2011），即当婴幼儿知觉到另一个人的行动时，大脑内的镜像神经元就会被激活，此时如果肌肉控制力足够，那么婴幼儿就会具备模仿的能力，这是婴幼儿与他人联结及学习的最有力程序（Wittmer & Petersen，2018）。比如，当母亲张开嘴巴并摇着头逗弄婴儿时，没多久婴儿也会跟着张开嘴巴并摇头。可以说，模仿也是婴幼儿主要的学习方式。因此，在探讨如何促进婴幼儿的认知发展时，托育人员善用婴幼儿的模仿能力非常重要，而婴幼儿模仿的基础是他们与照护者之间建立的亲密关系。

综上所述，亲密关系是婴幼儿对外探索的安全堡垒，是他们的安全感与自信心的来源，也是他们认识世界、认知得以发展的主要方式。

## 二、认知领域的教保原则

基于婴幼儿的认知发展特点与影响因素，笔者提出以下几项有利于婴幼儿认知发展的教保原则。

### （一）与婴幼儿亲密互动

促进婴幼儿认知发展的第一项教保原则就是，托育人员与婴幼儿亲密互动，使其产生安全感，从而安心地对外探索。婴幼儿所有领域的发展都源于与照护者的情感联结关系，它是婴幼儿发展的平台与进一步发展的跳板。而亲密关系建立的途径是托育人员与婴幼儿一来一往积极进行的回应性互动，是托育人员在敏锐、愉悦地回应婴幼儿的过程中与他们的情绪共舞。

### （二）提供吸引婴幼儿投入其中的游戏和探索环境

游戏可促进婴幼儿各领域的发展，它的价值毋庸置疑。同时，环境又是婴幼儿的第三位教师（Edwards et al.，2012），因此，托育人员应创设能够吸引婴幼儿投入其中的游戏和探索环境，包含室内外环境。游戏和探索环境除了必须保证婴幼儿的安全和健康外，还要营造如家般的温馨氛围与美感，设置多元区域如体能活动区、绘本故事区、玩具操作区、娃娃区等，以及提供适宜、有趣且有益于婴幼儿思考或创造的玩教具，以吸引他们驻足并沉浸其中。切记，自由探索是婴幼儿认识世界、认知得以发展的主要方式，因此，各区域内的玩教具必须陈列在开放的低矮架子上，允许婴幼儿自由游戏和探索，而不是只有在特定时段被托育人员拿出来后才能使用。此外，区域自由探索的时间尽量占据一日课程活动时段的大半。

### （三）提供有趣且有益于婴幼儿思考或创造的经验

为婴幼儿提供的玩教具与教保活动经验除了具备适宜性外，最主要的是有趣且能够引发婴幼儿的思考或创造，让婴幼儿体验各种概念。比如，拼图、形状积木配对嵌盒、序列套杯、彩色串珠、积木、球类、斜坡和轨道、齿轮组等玩教具，可以激发婴幼儿探索的兴趣，进而帮助他们理解分类、配对、序列、因果关系、空间关系、物体永恒等认知概念。因此，婴幼儿活动室宜设置玩具操作区（2岁以下儿童）或益智角（2—3岁儿童），并提供以上玩教具。以球与玩球经验为例，婴幼儿不仅有机会体验用手推球与球会滚动的"因果关系"，而且可以运用行动验证和体验推动力量越大，球就滚得越远的"力学现象"；因为球在空间中四处滚动、跳动，所以婴幼儿必须使用奔跑、蹲下、踮脚、趴下、伸手等动作去捡球，进而体验不同的"空间关系"与"物体永恒"概念。值得注意的是，开放性玩教具如各式积木、黏土、纸张、小石头、沙、水等，更能被婴幼儿创造性地使用，因此活动室应多提供此类玩教具。

玩具操作区教具

户外也有许多有趣且富于变化的现象或事物可供婴幼儿游戏和探索、思考和创造，因此托育人员应尽量多为婴幼儿安排这方面的经验。其实，婴幼儿对自然界的许多事物都很感兴趣，如千奇百怪、各不相同的植物，经历风霜洗礼的、独特的小石头，沙与水，阳光的照射与影子的移动，风、斜坡等可致使物体移动的因素等。有时，婴幼儿会自发地产生一些疑惑，比如：小种子是怎么变成高大的植物的？为什么蝴蝶、蜜蜂总是绕着植物飞来飞去或停在植物上？为什么早上大树的影子在这一边，到了下午又移到了另一边？如果婴幼儿没有自发地提出疑惑，那么托育人员可以稍加提示，以引发他们思考并采取进一步的探究行动。

### （四）示范有利于婴幼儿认知发展的行为

婴幼儿的主要学习方式之一是模仿，因此托育人员可示范一些有利于婴幼儿认知发展的行为，以引发他们的模仿。例如，托育人员可以运用肢体语言表现经常阅读与喜欢阅读的行为；遇有疑惑时，在婴幼儿面前查找资料、寻求答案；表现出好奇心，说"怎么会这样？我们去看看发生了什么事。"；采取行动验证所想，并说出所发生的事与所运用的策略，比如："奇怪？这块红色的拼图怎么拼不进去？哦，这里是草地，草地是绿色的！我知道了，要拼绿色的拼图，还要转个方向对准尖角。"在婴幼儿的日益接触与模仿下，诸如此类向婴幼儿示范问题解决方法的做法，会自然地塑造婴幼儿的行为。值得注意的是，托育人员的示范也要适度与节制，留一些空间让婴幼儿思考、设法解决问题。

### （五）鼓励婴幼儿保持好奇心、解答疑惑与解决问题

在一日生活作息与教保课程时段，托育人员应鼓励婴幼儿保持好奇心，并设法解答疑惑；当婴幼儿遇到难题时，托育人员应鼓励其思考、探究与解决问题。众所周知，1岁左右时婴儿在好奇心的驱使下，开始以行动（实验）验证其想法或发现答案，比如：将金属汤匙与塑料玩具分别从高脚餐椅上往地面丢掷，听听它们发出的声音有何不同；将圆口餐碗推到地上，看看它是否会像球一样弹跳起来。正因为这样的行动验证甚至数次验证，婴幼儿才发现了答案或理解了因果关系。因此，托育人员应适度允许这样的好奇与验证行动，甚至在婴幼儿的游戏和探索中鼓励这类行为。

有时，当物体或事情与婴幼儿心中的预期不同时，就为婴幼儿提供了学习的契机，因为它将会引发婴幼儿更频繁地探索，促使他们像科学家那样努力地

去思考、实验或改变探究方法（Stahl & Feigenson，2015），这就是"认知冲突"所带来的效果（周淑惠，2017，2020，2022），托育人员应该善加运用这一点。比如，托育人员在与幼儿一起玩手影游戏时引导他们提问："为什么成人的手那么大，投出来的影子却跟我们的一样大，甚至比我们的还小？"然后，在适度的提示下，如"我站得比较靠近幕布，你站在哪里？"，托育人员激发幼儿继续探索和比较投影效果，以发现答案。此外，在一日生活中培养幼儿的问题解决能力也很重要。比如：当幼儿的齿轮组玩具卡住不转时，托育人员应鼓励与引导他找出原因，解决问题；当幼儿不小心把球滚到橱柜下面或弹到橱柜上面时，托育人员应激励与引导他思考怎样拿到球，并协助其完成。

### （六）鹰架婴幼儿的游戏和探索

在婴幼儿游戏和探索时，托育人员应提供鹰架，鼓励婴幼儿以不同的方式运用玩教具，玩出深度和广度，或鼓励婴幼儿从不同的方面思考，激发其心智发展。比如，当幼儿在由木板搭建的斜坡上滚球时，托育人员提出挑战，问幼儿如何才能让球滚得更快一些，并引导他思考如何调整木板。再比如，当2岁前的幼儿开始具有象征性表达能力时，托育人员可以多提供一些适宜、有趣且有益于幼儿创造或思考的材料，以供他们在假扮游戏中使用，如回收来的小纸箱可以被幼儿当作客厅餐桌、小房子、婴儿小床、大帽子、车子或浴缸；而提供这样的材料并搭配具有一定挑战性的任务，让幼儿思考与解决游戏中的问题，即为材料鹰架。值得注意的是，在婴幼儿游戏和探索过程中，托育人员宜采用提示、暗示、提问等语言鹰架甚至示范鹰架来协助婴幼儿，使其更能以物代物或创造出更复杂的情节。除了材料鹰架、语言鹰架、示范鹰架外，还有其他鹰架策略，托育人员应视婴幼儿的游戏和探索情境所需善加运用，我们将在本书第三章第四节"核心实践Ⅳ：鹰架婴幼儿的学习"进行详细阐述。

# 第四节 语言领域发展概况与教保原则

本节分为两个部分，首先探讨婴幼儿语言领域的发展概况，其次提出相对应的教保原则。在探讨婴幼儿语言领域的发展概况时，笔者将针对发展的趋势与发展的影响因素加以论述，以作为提出相对应的教保原则的依据。

## 一、语言领域的发展概况

### （一）发展的趋势

出生后，婴儿最早接触的是照护者的肢体动作与口头语言。当父母或其他照护者回应婴儿的各种需求时，他们会采用略显夸张的肢体动作，并重复大致相同的话语，如"饿了吗？想喝奶吗？""尿布湿啦，不舒服吗？我们来换尿布了！"。婴儿所听到的语言就是"接受性语言"，他们经历了一个由"不能会意到能够会意"的过程。接受性语言是"表达性语言"的基础，当婴儿在熟悉的情境中日复一日地听到同样的话时，他们自然就能会意并有所回应：刚开始是模仿所听到的语音或音调，之后是运用情境线索去猜测不熟悉的字词，慢慢地领会其意思，再之后是运用其意义，使之成为表达性语言。因此，接受性语言对婴幼儿很重要，在日常保育照护中，托育人员应敏锐且充满爱心地回应婴幼儿的需要，并与之亲密互动，即在婴幼儿还未能说话前就与他们对话，给他们讲故事、唱歌，和他们玩手指谣等。

婴幼儿的表达性语言发展，经历了"从简单发声至复杂表意"的过程，即从无意义发声、模仿，到字词逐渐增多的表意，再到能造句和说出复杂的句子。总体而言，12个月之前，婴儿处于牙牙学语阶段，他们会模仿听到的声音并发出重复的音节，如"babababa"或"mamamama"。为人父母者听到后欣喜万分，但其实婴儿的发声是无意义的。12个月左右时，婴儿开始说出有意义的字如"狗"，而且单字有时表意的是一个句子，如"我喜欢狗"，所以这个阶段被称为"单字句期"。18个月以后，幼儿知道每样东西都有名称并喜欢问其名称，这个阶段被称为"命名期",同时他们也进入犹如电报式语言的"双字句期"和"多字句期";2 岁后幼儿能说出较完整的句子,这个阶段被称为"造句期"或"文法期"。2.5—3 岁是幼儿的"好问期",他们喜欢问为什么,而且语句变得复杂,进入了"复句期"。表 2.4 呈现了婴幼儿的语言发展趋势。

表 2.4 婴幼儿语言发展趋势

| 0—1 岁 | 1—2 岁 | 2—3 岁 |
|---|---|---|
| • 不能会意→逐渐能会意<br>• 牙牙学语,模仿并重复音节→开始说出有意义的字 | • 通过情境线索较能会意<br>• 单字句期→双字句期、多字句期(命名期、电报语句期) | • 造句期或文法期(说出较完整的句子,使用"你""我""他"等代名词)→好问期、复句期 |

## (二)发展的影响因素

目前多数研究认为,婴幼儿的语言发展是先天条件与后天环境交互作用的结果(Berk,2013)。冈萨雷斯-梅纳和艾尔(Gonzalez-Mena & Eyer,2018)指出,在婴幼儿的语言发展过程中,有三个因素发挥了作用——先天能力、互动和模仿,即婴幼儿具有一些发展语言的心智能力(先天能力),同时他们也必须有与他人进行回应性互动的机会,好让他们模仿。在婴儿出生后,照护他们的成人在关爱中不断地回应他们的各种需求。比如,听到婴儿的哭声,成人会说:"怎么了?肚子饿了,要喝奶吗?"听到婴儿发出咕咕声,成人会说:"开心啦!想起来玩,是吗?"在日复一日的类似回应下,婴儿从不能会意到能够会意,从简单发声到复杂表意。因此,有助于成人与婴幼儿建立亲密关系的回应性互动,是促进婴幼儿语言发展的重要方式。实验研究证实,如果母亲经常在未满 1 岁的儿童面前重复说一些字词,那么 2 岁时儿童的词语表现较佳(Newman et al.,2015);当 16—18 个月大的儿童经常有机会在不同的情境中听到和练习相同物体的名称时,相较于很少有机会听到或练习相同物体名称的对照组婴幼儿,他们学习语词的速度更快(Gershkoff-Stowe & Hahn,2007)。因此，经常有机会听到语词并进行模仿和练习，对于婴幼儿的语言学习很重要，也反映了照护者充满爱心的回应性互动的必要性。

### 二、语言领域的教保原则

基于婴幼儿的语言发展特点与影响因素，笔者提出以下几项有利于婴幼儿语言发展的教保原则。

### （一）在亲密关系中运用回应性互动技巧

充满爱心的回应性互动是婴幼儿语言得以发展的主要因素。在一日保育作息中，托育人员可采用以下三种实用技巧与婴幼儿进行回应性互动。（1）运用"共同关注"（joint attention）时刻，即托育人员与婴幼儿同时注意某一物体或事件，并运用语言谈论或描述当下的状况，这样共享注意力的情境将语词与物体或事件联系在一起，可促进婴幼儿的语言发展（Adamson et al.，2004；Berk，2013；Wittmer & Petersen，2018）。比如，婴幼儿自行进食的保育作息情境、把玩新玩具的游戏和探索情境、被图片吸引的绘本共读情境、玩手指谣并跟随节奏舞动的欢乐情境、户外散步时巧遇蝴蝶的新鲜情境等，都是师幼可以共享注意力的情境。（2）在共同关注了某一物体或事件后，托育人员通过注视、肢体接触、提问、说明等方式持续与婴幼儿互动，以引发婴幼儿的回应与共舞。即使婴幼儿还不会说话，托育人员也要与其互动，婴幼儿将从托育人员的肢体语言与情境线索中寻求意义，并逐渐会意。（3）夸赞、鼓励婴幼儿的口语表现，并顺势延伸或扩展其语词，比如，婴儿指着狗说"狗"，托育人员可将其延伸为"对！是黑色的狗！"或"很棒哟！狗在睡觉！"。以上三种技巧都必须建立在托育人员与婴幼儿的亲密关系的基础上。

### （二）创设丰富的语言环境

创设丰富的语言环境，有助于促进婴幼儿的语言发展。

### 1. 自然地示范语言沟通功能

在一日生活中，托育人员应根据沟通的需求在婴幼儿面前自然地示范听说读写，使其了解语言的沟通功能。比如，在带领幼儿外出散步前，托育人员发现班级负责留守的助理托育人员李老师正在打电话与家长沟通，于是托育人员配合肢体语言告诉幼儿："李老师正在跟小杰的妈妈打电话，这样小杰的妈妈就知道今天小杰不舒服，早点来接他回家。现在，我要写张纸条告诉李老师我们大约什么时候回来以及我们回来后要用的东西，请她提前做好准备。"之后，托育人员当着幼儿的面写好纸条，并将写好的纸条拿给幼儿看；在幼儿返回活动室时，李老师指着纸条向幼儿展示准备好的东西，从而让幼儿理解语言的沟通作用。再比如，在拆开新玩具时，托育人员先阅读它的说明书，然后指着说明书告诉幼儿，上面写着具体的玩法，这也能加深幼儿对语言沟通功能的理解。

### 2. 让环境充满文字

让托育机构的环境充满文字，也是创设丰富的语言环境的重要做法，包括区域名称和标识、玩教具归位图示与标识、婴幼儿的名字、张贴的照片上的文字说明、班级成员的海报、路线指示牌、托育机构的招牌等。此外，绘本故事区的各式绘本，尤其是配合主题课程相关概念的绘本，也可成为环境中文字的一部分。重要的是，托育人员需要在合适的时机带着婴幼儿阅读与谈论这些文字是什么意思，让婴幼儿理解文

明伦托婴中心

绘本故事区

字的沟通作用。

### （三）保育作息情境中的回应性互动

保育作息时段，如洗手、换尿布、进餐时等，是托育人员与婴幼儿进行回应性互动的大好时机。比如，午餐前当君君见到第一天来上班送餐的厨师时，她跌跌撞撞地扑向托育人员，托育人员抱起她轻声安慰着，并抓住这个共同关注的时刻，指着厨师与桌上的饭菜不断地说："她是做这些饭菜的阿姨，阿姨把好吃的饭菜送来了。""我们要吃饭了，要谢谢阿姨哦！"君君望着饭菜，又怯生生地看了一眼厨师，发出咿呀的声音，托育人员顺势说："对！是阿姨，要谢谢阿姨哦！"以上案例展现了君君与托育人员之间的亲密关系，以及托育人员在亲密关系中与婴幼儿的回应性互动。

因此，在共同关注时刻，如果托育人员能运用注视、肢体接触、提问、说明等方式持续与婴幼儿互动，以引发婴幼儿的回应，那是再好不过的事情了。当婴幼儿发出声音、吐出一个字或做出某种肢体动作时，如果托育人员能够再次回应，那么就会有一来一往的对话共舞效果。如果托育人员能进一步将婴幼儿发出的声音或吐出的字加以延伸或扩展，那么日积月累之下，婴幼儿的语言能力就会得到提升。比如，上述案例中，在托育人员安慰君君并与她说明情况后，君君伸出小手指着桌子上的饭菜说："饭！饭！"托育人员立即回应道："对！君君好棒，那是饭！要吃饭了，吃饭了！"托育人员指着厨师配合着挥手说："你看，阿姨要走了，说拜拜！阿姨拜拜！"君君望着阿姨，张开嘴巴轻轻吐出"拜"的声音，同时挥动了一下小手。

### （四）游戏和探索情境中的回应性互动

托育人员只要在婴幼儿游戏和探索时描述当下所发生的事情，就能引发共同的关注。比如，当幼儿在区域中玩拼图时，托育人员指着幼儿正在拼的拼图说："达达一个人在玩动物立体拼图，你好棒！小动物的身体已经拼出来了，还有头，加油！"这样的互动能将特定的语词与幼儿的操作行为联结起来，让语词变得鲜活而富有意义。当婴幼儿游戏和探索时，托育人员与他们进行回应性互动的机会很多。

### （五）绘本共读情境中的回应性互动

研究指出，当成人与两三岁幼儿共读时，使用积极反馈、正向激励和提问策略，更有可能促使幼儿做出回应（Fletcher & Finch，2015）。绘本共读时间是一个很棒的共同关注时刻，因为当婴幼儿与托育人员依偎着共读绘本或围坐在一起共读绘本时，周围萦绕着温馨、轻松的氛围，这很容易激发彼此之间的回应性共舞，也充满了延伸或扩展婴幼儿语言的机会。因此，当婴儿指着绘本上猫的图片说"猫、猫"时，托育人员可以配合着手势将其延伸为"是的，是猫，是胖胖的猫、大大的猫，你好棒哦！"，或将其扩展为"胖胖的猫在睡觉"。托育人员也可以通过提问与婴儿互动，邀请婴儿做出回应，比如："胖胖的猫现在在做什么呢？"有些绘本蕴含操作的成分，这自然增加了托育人员与婴幼儿互动的机会。有些绘本充满重复的语词，有助于婴幼儿运用口头语言参与其中，提升了互动的成效。值得注意的是，当婴幼儿指着图片时，托育人员可顺势指着对应的文字，比如猫在地毯上睡觉的图片对应着猫在睡觉的文字，从而让婴幼儿知道图片上的事物也可以用文字来表示，以了解文字的沟通作用，为未来的阅读铺路。

### （六）歌谣乐舞情境中的回应性互动

托育人员利用歌谣与婴幼儿进行回应性互动，可制造共同关注时刻，增进婴幼儿的语言发展。歌谣具有规律的节奏与旋律，能抑制忧伤情绪，使婴幼儿的内心保持平静（Corbeil et al.，2015）。歌谣也为婴幼儿提供了发声练习机会，沉浸在歌谣的结构、节奏、韵律中还能够促进婴幼儿的大脑发育、增加婴幼儿的词汇量和支持他们在未来取得学业上的成功（Cooper，2010）。因此，与婴幼儿一起唱歌谣，对婴幼儿的发展非常重要。第四章的"合拢张开""用身体部位玩游戏"活动，就是运用手指谣、歌谣帮助婴幼儿了解自己的身体部位，同时它们也蕴含了在互动中延伸或扩展婴幼儿的语词的机会，如拍拍你的手、踢踢你的脚等，甚至是改编歌词（替换为其他身体部位）的机会。因此，托育人员平时可以多播放一些歌谣，既便于婴幼儿在重复倾听后能跟着唱和、舞动身体部位，又便于托育人员抓住共同关注的机会让回应性互动持续进行，延伸或拓展婴幼儿的语言能力。

### （七）新鲜情境中的回应性互动

在托育机构中，足以引发好奇心的新鲜情境，最容易创造共同关注的时刻。这些新鲜的情境包括：更换或调整环境布置，如沙发与餐桌位置的调整、新挂上的画、新铺上的桌布、新摆放的盆花、新贴上的春联等；更换玩教具，如新的玩教具、新的绘本、新的故事玩偶、由软垫铺排的障碍步道等。托育人员可借机邀请婴幼儿指认环境中的事物，比如："花在哪里？""今天的花和昨天的花有什么不一样？""画在哪里？""画里面有什么东西？"在婴幼儿指认或发声回答后，托育人员对他们的回复进行延伸或扩展，比如，"花在花园里""画在墙上"等。此外，改变例行事项或常规活动，也可创造共同关注的时刻，比如：一改平日散步的路线，到不常去的公园游逛；开展充满气球与好吃食物的庆生会；邀请布偶专家到托育机构讲故事等。适度地创设新鲜情境，会有意想不到的效果。当然，托育人员要善用这一情境，引发婴幼儿的回应共舞，或者进一步扩展婴幼儿的口头语言或肢体语言。

### （八）适度鹰架婴幼儿以促进其语言发展

事实上，以上各种情境对婴幼儿来说都是挑战性情境，托育人员可以适度地鹰架婴幼儿，使其语言能力得到拓展。比如，在歌谣乐舞情境中，托育人员可以向幼儿提议改编手指谣、歌谣的词句，托育人员可在稍加示范一小段后，邀请幼儿模仿或接续。实验研究证实，当对 1.5 岁、2.5 岁和 3.5 岁幼儿使用多样且较复杂的字词及描述性词语时，一年后他们的词汇量增加了（Rowe，2012）。因此，在婴幼儿语言发展的过程中，延伸、扩展与鹰架都是必要的策略。再比如，在绘本共读情境中，托育人员可以就已经阅读的内容问幼儿故事讲述了什么、出现了哪些人物，请幼儿"预测"接下来会发生什么事，并在共读结束时询问幼儿有什么样的感觉。在这个过程中，托育人员需要为幼儿搭建适宜的鹰架，如暗示部分情节或信息，适度示范描述感觉的语言，提出预测的可能结果选项等。

# 第五节　婴幼儿发展与教保总结

本章前四节分别探讨了婴幼儿的社会情绪、身体动作、认知、语言领域的发展概况与相对应的教保原则，这涉及个体的横向发展。此外，托育人员在教保实践工作中也要关注婴幼儿当前处于哪一个发展阶段，并思考这个阶段有什么样的特点，以便教保活动符合该阶段发展焦点与需求，这涉及个体的纵向发展。只有了解婴幼儿的横向发展和纵向发展特点，托育人员才能完全掌握婴幼儿的发展面貌，促进婴幼儿全面发展与教保实践的落地。因此，本节将首先探讨婴幼儿各阶段的发展焦点与相对应的教保原则，其次总结与分析四大领域的教保原则，试图找出规律或共性，以促进教保课程的具体实施。

## 一、各阶段的发展焦点与教保原则

能够在空间中移动身体与自我意识的萌发是婴幼儿在发展上取得的巨大进步，我们以此为依据将婴幼儿的发展划分为0—8个月（会移动身体前）、9—18个月（学步期）和19—36个月（自我意识增强）三个阶段。每一阶段都有自己的发展焦点与需求亟待满足，也建立在前一阶段的发展焦点与需求得到满足的基础上（Copple & Bredekamp，2009；Copple et al.，2013）。

### （一）0—8个月

0—8个月婴儿的发展焦点在于寻求心理安全感和信任感。对于不会自行移动身体的小婴儿来说，特别迫切的事情是满足自己的生理与心理需求，例如，肚子饿了需要有人喂，尿布湿了需要有人换，寂寞、害怕时需要有人抚慰或陪伴。由此可知，与照护者建立亲密的关系，在被关爱与可预期的氛围中成长是这个阶段婴儿的最主要需求，寻求安全感与信任感是他们发展上的焦点。因此，0—8 个月婴儿的教保重点在于：照护者与婴儿建立亲密的情感联结与安全型依附关系，让婴儿在爱中得到充分滋养，满足他们的各种生理和心理需求，为他们的社会情绪以及其他各领域的发展奠定基础。

### （二）9—18 个月

9—18 个月的婴儿虽然会继续寻求安全感与信任感，但是其发展焦点在于熟悉和探索周围环境。8 个月大后，婴儿能爬行，接着开始蹒跚学步、到处游荡，并运用多种感官探索周围的世界，比如，捡起地上的小东西往嘴里放，倾听和关注环境中的动静，敲打、丢掷、推拉、按压物品看它有何反应，携带玩具走路。他们在试图理解世界与建构知识，这是他们现阶段发展上的主要需求与任务。因此，9—18 个月婴儿的教保重点在于：珍视婴儿自由探索的重要性，创设安全、适度开放的环境，提供有趣且有益于婴儿思考或创造的玩教具，以便他们尽情游戏和探索，进而建构知识与理解世界。

### （三）19—36 个月

19—36 个月的幼儿虽然继续热衷于探索环境与寻求安全感，然而他们的发展焦点在于表达想法，积极寻求自我认同。我们常常听到这个年龄段的幼儿说"不要！""我的！""我要！"，即为他们的最佳写照。因此，成人适宜地协助幼儿表达想法、寻求自我认同，对于他们的发展很重要。因此，19—36 个月幼儿的教保重点在于：建立基于尊重与爱的回应性关系，让幼儿适当地表达想法或抒发情绪，但也适时地解释制定常规、做出限制与提出要求的原因，在关爱、尊重中温和而坚定地执行生活常规。

### 二、各领域的教保原则

婴幼儿的发展是渐进式的、可预期的和日趋复杂的。婴幼儿是在社会文化中通过与人互动而发展的，尤其是在与照护者的情感联结中成长，所以与照护者的亲密关系是婴幼儿各领域发展的基础。此外，婴幼儿主要是通过游戏和探索来认识世界与学习的，同时也会运用模仿、练习等其他方法，如表达性语言开始时大都是模仿而来的，身体动作则依赖许多练习。在婴幼儿游戏、探索与学习过程中，成人的引导或鹰架扮演着举足轻重的角色。笔者综合分析了四个领域的教保原则，如表 2.5 所示。

表 2.5 表明，这些教保原则可分为两类：领域共通原则与领域特性原则。领域共通原则包含三项内容：（1）与婴幼儿建立关系——与婴幼儿建立亲密的关系是各领域发展的基础与跳板，而基于爱的回应性互动是建立亲密关系的关键；（2）规划环境——创设或提供与各领域相关的游戏和探索环境及玩教具，是婴幼儿各领域发展所必需的，也呼应了环境是儿童的第三位教师的理念；（3）搭建鹰架——为婴幼儿提供支持是各领域重要的教保原则，可以促进婴幼儿相关领域能力的提升。此外，每个领域还有符合该领域特性的教保原则，如社会情绪领域的鼓励与示范亲社会行为，身体动作领域的强调生活自理技能的培养，认知领域的鼓励婴幼儿保持好奇心、解答疑惑与解决问题，语言领域的保育作息情境中的回应性互动等。不过，以上各领域教保原则，都需要建立在托育人员与家长的伙伴关系之上。托育机构只有与家庭齐心协力，共同面对教保问题，如婴幼儿的咬人行为、如厕训练问题、偏食问题等，并采取相关的教保措施，才能达到事半功倍的效果。

纵观表 2.5，我们还发现另一个共通原则，即婴幼儿以游戏和探索为主要学习方式，但也运用模仿、练习等其他方式，所以托育人员有时必须示范或为婴幼儿提供练习、模仿的机会。总之，婴幼儿发展的教保共通原则有四项——与婴幼儿建立关系、规划环境、搭建鹰架，以及以游戏和探索为主、以模仿和练习为辅。无论是领域共通原则还是领域特性原则，都可与教保课程的四项核心实践相互为用、彼此支持，因为任何的核心实践都脱离不了对婴幼儿发展的关注与教保原则的运用，第三章则探讨了这四项核心实践的内涵。

表2.5　对各领域教保原则的综合分析

| 原则 | | 社会情绪领域 | 身体动作领域 | 认知领域 | 语言领域 |
|---|---|---|---|---|---|
| 领域共通原则 | 与婴幼儿建立关系 | 基于对婴幼儿的爱，敏锐且愉悦地回应他们，并与他们互动 | 在亲密关系中以多种姿势与婴幼儿互动，并为其提供练习机会 | 与婴幼儿亲密互动，作为婴幼儿对外探索时的安全感来源 | 在亲密关系中运用回应性互动技巧 |
| | 规划环境 | 创设可抒发情绪的情境 | 提供安全、适度开放的环境与适宜的挑战 | 提供吸引婴幼儿投入其中的游戏和探索环境，并允许其自由探索 | 创设丰富的语言环境 |
| | 搭建鹰架 | 鼓励与引导婴幼儿解决社会冲突 | 鼓励婴幼儿自由探索，并适度地引导他们 | 鹰架婴幼儿的探索，使其层次提升 | 适度鹰架，以拓展婴幼儿的语言发展 |
| 领域特性原则 | | 示范与协助婴幼儿调节情绪 | 提供促进大、小肌肉发展的游戏与玩具 | 提供有趣且有益于婴幼儿思考或创造的经验，以帮助其体验概念 | 保育作息情境中的回应性互动 |
| | | 安排与人发生关联的经验 | 重视每日户外时间 | 示范有益于婴幼儿认知发展的行为，以引发其模仿 | 游戏和探索情境中的回应性互动 |
| | | 鼓励与示范亲社会行为 | 强调生活自理技能的培养 | 鼓励婴幼儿保持好奇心，解答疑惑与解决问题 | 新鲜情境中的回应性互动 |

# 第三章

# 婴幼儿教保课程实施与样貌

第一章揭示了发展适宜性教育是由一组相嵌的理念所组成的架构，包括：作为理论根基的社会文化论，作为运作基础的托育机构与婴幼儿及其家庭建立的关系，作为课程关注焦点的婴幼儿全面发展和教保课程在园育成，以及作为婴幼儿教保课程指导方针的四项核心实践。其中，婴幼儿全面发展既是教保课程的关注焦点，也是四项核心实践的中心考虑。有关婴幼儿的发展概况与相对应的教保原则，在前文已经探讨过。本章则在此基础上详细阐述四项核心实践，以勾勒出婴幼儿教保课程的样貌，拓展读者对教保课程的理解。

## 第一节　核心实践 I：均衡适宜的课程

婴幼儿教保课程必须是均衡适宜的课程：首先，婴幼儿教保课程要关注每个婴幼儿的全面发展，均衡地包含各发展领域的活动，并涵盖一些具有挑战性的活动，以适宜婴幼儿的年龄发展水平，激发他们的潜能；其次，要关注婴幼儿发展的个体差异，注重区域与小组游戏和探索活动，以适宜婴幼儿的个体发展特点；最后，要考虑影响婴幼儿发展的文化元素，将家庭文化、语言适度地融入课程，使课程具有文化适宜性。脑神经科学方面的研究指出，0—5 岁是儿童脑部发育的关键期。早期经验决定了大脑中神经通路的强弱状态，影响了儿童后续的学习与行为（Gonzalez-Mena & Eyer，2018；National Scientific Council on the Developing Child，2007）。因此，通过教保课程为婴幼儿提供优质的经验，是非常必要的。本节将从课程计划前、课程计划当下与课程实施时三方面入手，阐述如何具体落实均衡适宜的课程。

## 一、课程计划前：充分了解婴幼儿的发展概况

托育人员在计划均衡适宜的教保课程前，必须充分了解婴幼儿各领域与各阶段的发展概况，知晓婴幼儿的个体发展状态，以及与婴幼儿家庭建立平等互惠的伙伴关系。

### （一）了解婴幼儿各领域与各阶段的发展概况

了解婴幼儿发展概况包括以下几方面：（1）托育人员必须了解婴幼儿的社会情绪、身体动作、认知、语言等各领域的发展概况与趋势，如大约何时会翻身、爬行或行走，何时出现单字句、双字句与多字句的语言发展蓬勃期，何时开始出现分离焦虑，何时能进行象征性表达等；（2）必须了解影响婴幼儿各个领域发展的因素；（3）托育人员还要了解婴幼儿各重要阶段（如0—8个月、9—18个月、19—36个月）的发展焦点或需求，以提供符合婴幼儿当下发展需求的教保课程。另外，更重要的是，托育人员必须认识到各个领域之间的交互影响，比如，语言发展迟缓将会影响婴幼儿的认知学习与人际关系，甚至造成婴幼儿情绪不佳，进而影响他们的心理健康……因此，托育人员需要设计均衡适宜的课程。了解婴幼儿的发展概况是为婴幼儿计划均衡适宜的课程的起点，也是均衡适宜的教保课程的关注重点。

至于了解婴幼儿发展概况的方式，除了职前的学习与实习外，托育人员在进入托育机构后定期接受0—3岁婴幼儿教保课程的相关培训也是非常必要的，比如，参与托育机构内部的教保课程研讨会、读书会、托育实务探讨会等，参与托育机构外部的相关研讨会、假日进修活动、专业图书阅读群等。此外，如

果托育人员能对自己照护婴幼儿的工作进行反思并撰写反思性日志，那么这对他们的专业成长也有所裨益。值得注意的一点是，托育人员如果能将自己在托育机构内外接受的培训、阅读专业图书所获得的知识，与他们在日常托育工作中对婴幼儿的观察相互对照印证，并抱着改进托育实践的初衷不断地检讨和反思，那么定能对婴幼儿的发展概况有更深的认识与理解，进而促进均衡适宜的课程的落实。

### （二）知晓婴幼儿的个体发展状态

托育人员了解婴幼儿的个体发展特点与状态，如各领域发展的强弱概况、当前的发展水平、最近发展区、喜好与需求等，也是计划均衡适宜的课程的先决条件。婴幼儿的年龄越小，个体差异性越大，这就要求日常作息越要具备个性化与灵活性，课程越需要有更多的区域游戏和探索活动，以符合婴幼儿的兴趣、能力与需求。比如，有的婴儿每隔两小时就喝一次奶，熟睡的时间很短，有的婴儿则每隔四小时才喝一次奶，可以熟睡很久；有的学步儿还不能走得很好时，就急于跌跌撞撞地四处探索，有的学步儿则小心翼翼，不敢贸然探索。因此，托育人员与婴幼儿亲密互动，并从中观察、评估婴幼儿以深入地了解他们，就显得相当重要了。在托育机构中实施"主要照护者"（key person）制度，即由一名主要的托育人员负责少数几个婴幼儿的所有照护事宜，如喂食、换尿布、哄睡、陪同游戏、共读等，则是必要措施（Copple et al., 2013）。此外，托育人员与婴幼儿的适宜比例、给予婴幼儿一段时间的持续性照护等，也能够让托育人员有充足的机会与时间充分认识和理解婴幼儿的发展。

### （三）与婴幼儿家庭建立伙伴关系

与婴幼儿家庭建立良好的伙伴关系是非常必要的。一方面，托育人员可以从家长那里迅速地了解婴幼儿的发展概况，尤其是在婴幼儿初到托育机构时；另一方面，均衡适宜的课程需要符合文化情境性，因此托育人员必须秉持诚恳、尊重的态度，主动了解婴幼儿的家庭与文化差异，包含习俗、价值观、育儿观与期望等，让家长感到自己是受尊重与欢迎的，彼此间的关系是平等互惠的。同时，托育人员还要经常分享婴幼儿在托育机构的表现，与家长交流教保信息与育儿观，讨论需要双方配合的教保策略。唯有如此，托育人员才能充分了解婴幼儿的发展概况，将重要的家庭文化元素自然地纳入教保课程，并从家长那里获得有关教保课程实施结果的反馈，从而将教保课程调整得更具发展适宜性。

## 二、课程计划当下：运用主题设计均衡适宜的课程

以上三项具体做法是托育人员计划均衡适宜的教保课程的基础。托育人员越了解婴幼儿的发展概况，与家长的关系越良好或沟通越多，越能计划均衡适宜的教保课程。在计划教保课程的当下，托育人员需要关注：实施区域与小组游戏和探索活动并善用生活中的学习机会，运用主题整合并均衡分配各发展领域的活动，既注重婴幼儿的当前发展也兼顾他们的潜能开发，以及将多元文化纳入课程。

### （一）实施区域与小组游戏和探索活动并善用生活中的学习机会

0—3岁婴幼儿教保课程最好采取区域活动和小组活动形式，而且这些活动应具有游戏性和探索性。区域游戏和探索活动能让婴幼儿在多元的区域环境（如玩具操作区、绘本故事区、身体运动区等）中自由选择自己喜爱的玩具或活动，以满足其兴趣、能力与发展需求，适宜其发展的个体差异性。切记，婴幼儿的年龄越小，区域游戏和探索活动的比重就要越大；即使托育人员需要采取团体活动方式，也应以小组活动为宜，全班大团体活动的数量尽量减至最少，即少数几名婴幼儿围绕托育人员进行以游戏和探索为主的活动，注重激发思考能力或探究欲，而非托育人员以讲述、灌输为主开展教学活动。

除了实施区域、小组活动外，托育人员还要擅长抓住换尿布、用餐、午休等保育生活时段蕴含的学习机会，并预测在哪些生活时段可以引入主题活动。比如，托育人员可以抓住每日用餐的时刻引入"可爱的动物"主题，以激发婴幼儿探索动物食物的动机；也可以在午休时间前后，引发婴幼儿对探究动物在

哪里休憩的兴趣。保育生活本身蕴含许多学习的元素，且在婴幼儿一日生活作息中占有较大比重，因此，在保育生活时段，托育人员需要与婴幼儿亲密互动，邀请他们参与保育生活事宜，敏锐地回应他们的需求，以便让学习自然地发生。关于这一点，我们将在本章第二节详细地阐述。

### （二）运用主题整合并均衡分配各发展领域的活动

　　婴幼儿以跨学科领域的方式进行整合式学习（NAEYC，2020），婴幼儿的学习经验一定是有意义的、整合式的和有深度的（Copple et al.，2011；Copple et al.，2013），因此运用主题课程整合各发展领域的活动并为婴幼儿提供有意义、可深度探究的经验是有必要的。那么，何谓主题课程呢？它是一个源自儿童的生活且围绕中心主题来计划或组织的课程，整合了与中心主题相关的概念与幼儿发展的各个方面，中心主题是课程内容凝聚的核心，具有整合作用（周淑惠，2006，2017）。至于如何选择主题课程的内容和活动，最常使用的一个策略是绘制"网络图"（见图 3.1），它呈现了主题探讨的范围或内涵。网络图有助于托育人员了解与组织整个课程，并审视各发展领域的均衡性，因此它是一个很好的课程组织工具（Bredekamp，2017；Krogh & Morehouse，2014）。兼顾各发展领

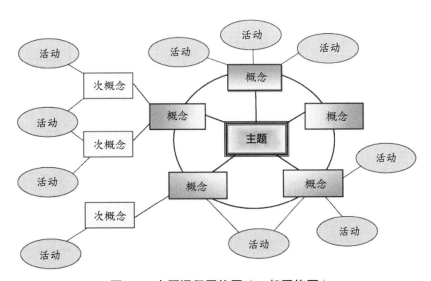

**图 3.1　主题课程网络图（一般网络图）**

域，是计划均衡适宜的教保课程的重要步骤，所以运用主题来整合课程是计划婴幼儿教保课程的重要途径。

托育人员也可以使用其他工具，如心智图、思维导图（见图 3.2）、树状结构图等。无论哪一种工具，主题内涵的绘制都遵循"先概念再活动"的原则，即始于一个中心主题，然后向外确立与该主题相关的"概念"或"次概念"，再之后设计用以探索和理解主题概念的各领域"活动"，对主题涉及的概念与知识进行充分探讨（周淑惠，2006，2017；Beane，1997）。

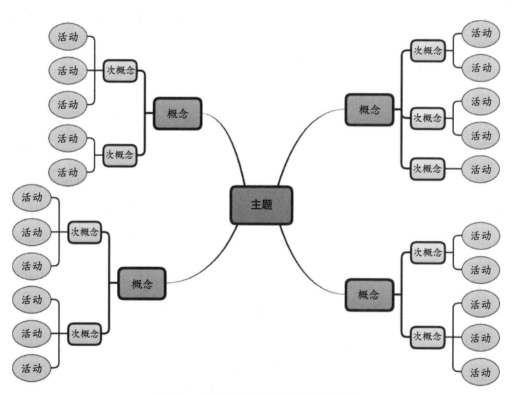

**图 3.2　主题课程网络图（思维导图）**

针对 0—3 岁婴幼儿，托育人员只需确立几个主要的概念，略过次概念，设计一些简单的活动。以"可爱的动物"主题为例，在动物的"种类与特征""居住环境与习性""身体移动""食物与照护"等主要概念下，托育人员可通过设计有趣的活动，如共读动物绘本、拼可爱动物的拼图、通过儿歌代入动物的名称与叫声、每日轮流喂养动物、欢迎宠物来访（托育人员可从家里带来温驯的小兔子或小狗等）、动物歌舞律动、玩"动物动啊动"语言游戏、观察饲养的金鱼或小鸟、玩动物撕贴画、玩"动物动次！动次！"的体能游戏等，促进婴幼儿理解或探究与可爱的动物相关的概念。以上活动涉及语言、认知、身体动作、社会情绪等领域，都与动物主题相关且具有生活化、富有意义、易于幼儿理解。从婴幼儿的生活或所处情境中选择他们感兴趣的主题，让学习寓于情境脉络，相较于分科教学脱离情境且支离破碎的呈现方式，与婴幼儿的生活联结更紧密，对婴幼儿的发展更具意义，也更容易被婴幼儿理解，因此学前教育领域一向推崇实施对幼儿有意义的主题课程。

　　之所以提倡实施主题课程，除了以上原因外，还有以下几方面考虑。（1）主题课程兼收并蓄，既可以为婴幼儿提供区域个别活动与小组活动，也可以开展少量的全班大团体活动。比如，在"可爱的动物"主题活动中，共读动物绘本、拼可爱动物的拼图、配对动物的家、配对动物与食物等涉及区域游戏和探索活动；动物种类繁多、制作动物棉花贴画、动物歌舞律动、欢迎宠物来访等活动涉及小组游戏和探索活动。（2）主题课程来自生活或环境中婴幼儿感兴趣的议题，因此托育人员可以自然地运用生活中蕴含的学习机会，比如，在每日用餐时刻引发婴幼儿对动物食物的探究兴趣。重要的是，以上活动不仅对婴幼儿有意义，而且具有游戏性和探索性，让婴幼儿在游戏中探索，也在探索中游戏。

### （三）既注重婴幼儿的当前发展，也兼顾他们的潜能开发

　　在计划均衡适宜的教保课程时，托育人员不仅应注重每个婴幼儿当前的发展水平，以巩固他们现有的能力，还要顾及婴幼儿的潜能开发。开发婴幼儿的潜能意指设计具有一定挑战性的活动，即让活动处于婴幼儿的最近发展区，托育人员则通过提供各种鹰架来激发婴幼儿的潜能，帮助他们发展与学习。如何获悉婴幼儿当前的发展水平与最近发展区，并设计适宜的挑战性活动和搭建适宜的鹰架，考验着托育人员对婴幼儿的了解程度，也表明了解婴幼儿发展的重要性（有关鹰架婴幼儿学习的内容，请参见本章第四节）。简而言之，均衡适宜

的教保课程既包含强化婴幼儿当前能力的活动，也包含激发婴幼儿潜能的活动。

### （四）将多元文化纳入均衡适宜的课程

在计划均衡适宜的教保课程时，除了考虑年龄适宜、个体适宜外，也要考虑文化适宜。托育人员应本着平等、尊重的原则，将婴幼儿家庭的多元文化自然地纳入课程活动。比如，在活动室内张贴体现不同家庭文化特色的家庭活动照片，举办特色文化日活动，邀请家长入园参与唱歌、跳舞、烹饪、制作手工艺品等与文化相关的活动，将代表多元文化的食物与物品带到活动室或托育机构等。凡此种种，均能让婴幼儿及其家庭感受到被尊重与了解，同时促进婴幼儿健康成长。当然，这一切有赖于托育人员与家庭建立伙伴关系。

### 三、课程实施时：激发婴幼儿思考或探究，并对其进行多元评价

在教保课程的实施阶段，托育人员在与婴幼儿互动时必须激励他们思考或探究，以玩出游戏的深度或广度，凸显婴幼儿教保课程的游戏性和探索性。对于婴幼儿而言，无论是发散性思维能力还是探究能力都尚未发展成熟，因此他们需要成人的协助，以支持他们发展与学习（NSTA，2014）。比如，托育人员应该做到：当婴幼儿观察事物时，向他们提示或引导他们聚焦观察的重点；当婴幼儿比较事物时，保留适量且适宜的信息，从而凸显要点；当幼儿沟通观察结果时，运用对话补说策略，如问答、猜测、填补、确认、重述、重整等，协助其表达；当婴幼儿思考时，运用明示、暗示或比喻的策略给予他们思考的方向或框架；当婴幼儿探究时，适时地给予适宜的材料或工具等。

在实施教保课程时，托育人员还必须进行多元评价，并据此调整原先计划的课程，使其在园育成。其具体做法是，在与婴幼儿亲密互动及与其他同行进行专业对话时，托育人员应不断地以多种方式评价婴幼儿的发展与学习表现，比如，定期观察、记录和分析婴幼儿的表现，与年龄较大的幼儿进行延伸性对话以了解其想法，与家长交流以获取他们对教保课程的反馈，持续分析与比较

教学的成效，定期在托育机构内部进行教学研讨等。以上方式均有助于托育人员了解婴幼儿各方面的综合表现，进而修正初步制定的课程方案，调整与婴幼儿的互动方式，让教保课程更具适宜性，更符合托育机构内婴幼儿的发展需求，这也是婴幼儿发展适宜性教育的课程关注焦点。

"核心实践 I：均衡适宜的课程"与其他三项核心实践是密切相关的。均衡适宜的教保课程需要通过保育作息时段来实施，有赖于区域与小组游戏和探索活动，仰仗托育人员为婴幼儿搭建适宜的鹰架，以提升其能力水平，最终促进婴幼儿的全面发展。换句话说，"均衡适宜的课程"离不了"保育作息即课程""游戏和探索即课程"与"鹰架婴幼儿的学习"等核心实践的运作。

## 第二节　核心实践 II：保育作息即课程

教保课程应是婴幼儿在托育机构中与人、事、物互动的所有经验，这些经验也是教保课程的内涵。可喜的是，自出生之日起，婴儿就是独特的个体，能够与环境中的人和物体互动（Kovach & Ros-Voseles，2008）。每天，婴幼儿在托育机构中的生活作息包含教育活动时段和保育生活时段，其中教育活动时段涵盖区域活动、小组活动以及少量的全班集体活动，而占比更大的保育生活时段涉及换尿布或如厕、用餐、用餐前后的清洁与收拾、午休、穿脱衣鞋、入离园的问候与道别等。一些意外事件，如婴幼儿间的冲突、婴幼儿跌倒受伤、窗台上出现一只受伤的小鸟等，也属于教保课程的内涵。

因此，在实施婴幼儿教保课程时，除了教育活动时段外，托育人员还要善于抓住日常作息中的保育生活时段，这就是"保育作息即课程"的真谛。的确，每天都会发生的保育生活时刻就是婴幼儿进行学习的自然时刻，它涉及婴幼儿生活自理能力的培养，如清洁（刷牙、洗脸、洗手等）、进餐、如厕、穿脱衣鞋、整理收拾自己的物品等，需要托育人员与婴幼儿亲密互动并给予自然的引导。一言以蔽之，对婴幼儿的照护即课程（Gonzalez-Mena & Eyer，2018）。

**案 例 1**

进餐的音乐响起，托育人员微笑着对正在玩动物拼图的姗姗说："要吃饭了，我们去把手洗干净吧！"在协助姗姗收好拼图后，托育人员轻轻地抱起发出呀呀声、似乎很雀跃的姗姗来到洗手池前。在打开水龙头前，她柔声地对姗姗说："来，先冲水，再抹洗手液。"在协助姗姗压取洗手液时，托育人员说："手心、手背要搓一搓，手指也要张开哦，把里里外外都搓洗干净。"她一边说一边帮助姗姗将手背翻过来，并示范如何交叉搓揉手指间的缝隙。姗姗揉着揉着，就将手中的泡泡放到眼前观看，呵呵地笑着。托育人员低头观察了一会儿姗姗，说："很多好玩的泡泡！现在，我们打开水龙头把泡泡里面的细菌冲走。嗯，下一步要做什么呢？"姗姗咿咿呀呀地叫着且舞动着身体开心地冲着水，托育人员则静静地侧望着姗姗享受冲水的神情。大约数秒后，姗姗的目光自然地看向水槽边的擦手纸，托育人员心领神会地一边帮姗姗取纸巾一边说："很棒啊！姗姗知道要把手擦干，这样就不会生病了。"之后，托育人员见姗姗手指餐桌的方向，便牵着正蹒跚学步的她走到餐桌前坐下。

案例1中，在餐前洗手的过程中，托育人员神情愉悦地向幼儿描述即将发生和正在发生的事情，受照护的幼儿参与其中，不时地咿呀回应着。在这样日复一日的互动中，不仅婴幼儿的语言理解与口头表达能力能够得到发展，从小养成与他人合作完成任务的习惯，而且婴幼儿在日常生活中能够自然地习得饭前洗手等卫生保健方面的知识与能力，体现了在生活中学习的理念。更重要的是，托育人员可以借此与婴幼儿建立亲密的关系，而良好的关系是发展适宜性教育运作的基础。这就是"保育作息即课程"的真实写照。

## 一、托育人员开启与婴幼儿的亲密互动

托育机构中的保育作息并不只是例行活动，它是托育人员与婴幼儿建立亲密关系的重要时刻。对婴幼儿而言，关系就是一切，是生活中的大事，因此照护者必须全身心地投入到婴幼儿的保育活动中（Brownlee，2017）。正如第一章

所述，发展适宜性教育运作的基础就是建立关系。托育人员通过与婴幼儿的亲密互动建立安全型依附关系，对婴幼儿的发展至关重要，它是保育作息即课程的首要做法，也是保育作息即课程发生的必要条件。没有托育人员与婴幼儿之间的亲密互动，保育作息即课程就不可能发生。这也恰恰呼应了本书第二章所归纳的教保四大共通原则之一——与婴幼儿建立关系，而基于爱的回应性互动是建立关系的关键。

为了让学习自然地发生，在保育活动中，托育人员敏锐地观察婴幼儿并放慢脚步温柔地回应他们，就显得非常重要！比如，在上文的餐前洗手案例中，托育人员静静地望着姗姗享受揉搓泡泡、冲水的神情，隔了一会儿才提醒她用水冲走细菌，之后又追随姗姗的目光帮她抽出擦手纸。托育人员与婴幼儿的互动内容可以与正在进行的保育活动有关，包括正在做什么、将要做什么（预告）、为什么这样做等，也可以是跟婴幼儿聊聊他们当下的感觉，还可以是夸夸婴幼儿在活动过程中的密切配合行为。

### 案　例　2

"伦伦宝贝的裤子上有鸭子，好可爱！鸭子真可爱！"伦伦似乎听懂了托育人员的话，他开心地舞动着双腿咿咿呀呀地叫着。托育人员微笑地看着开心的伦伦，隔了一会儿说："来，宝贝，我们要脱裤子换纸尿裤了。"其间，伦伦大都非常配合，只在托育人员脱下裤子后，侧过身去揪着裤子玩，托育人员说："我知道伦伦喜欢裤子上的鸭子，我们换完纸尿裤就穿上裤子。"托育人员接着说："哇！你看，你尿了好多，纸尿裤好重。"伦伦看着托育人员手中的纸尿裤，发出了啊啊声。将纸尿裤卷成一团丢掉后，托育人员说："要用湿纸巾把屁股擦干净，有点冰冰凉凉的。"伦伦随即发出呜呜的声音，身体也左右地晃动数下，托育人员说："冰冰的，是吧？马上就好了，把屁股擦干净，才不会长疹子。"伦伦又侧身转向旁边的裤子发出呀呀声，托育人员说："现在要换上干净的纸尿裤，才能穿上有鸭子的裤子。""小屁股抬起来，对！像这样转过来。"当托育人员拿着裤子给伦伦穿时，伦伦抓着裤子咿咿呀呀地叫着，托育人员知道他喜欢鸭子，就指着鸭子图案说："对！是鸭子，黄色的鸭子，你很喜欢这条有鸭子的裤子，是吗？"接着她一边帮伦伦穿裤子一边说："伦伦今天很乖！穿上有鸭子的裤子好可爱！"之后，她轻轻地抚摩伦伦的肚子并笑着说："换上干净的纸尿裤，舒服了吧。"

案例2中，托育人员提前告诉伦伦将为他换纸尿裤，然后将他抱起放在已消毒的尿布台垫子上，并轻抚着伦伦的肚子和腿部与其互动。在整个过程中，托育人员一直观察伦伦，知道伦伦因为喜欢裤子上的鸭子而数次转向裤子，于是在不妨碍换纸尿裤的进程下，她适度地放慢速度回应伦伦的兴趣，争取伦伦的注意力与合作，以完成换纸尿裤的工作。

## 二、婴幼儿参与保育活动

冈萨雷斯-梅纳与艾尔（Gonzalez-Mena & Eyer，2018）认为，满足婴幼儿基本需要的保育活动，为婴幼儿学习解决问题提供了多元机会，因此应让婴幼儿参与其中。在上文的餐前洗手案例中，姗姗完全参与其中，比如：当托育人员抱着她去洗手时，她显得很高兴；与托育人员合作完成洗手程序，如将手张开、搓揉手指间的缝隙等；沉浸于洗手过程中，如搓揉出泡泡并将手凑到眼前观看，开心地享受冲水的过程；将目光投向擦手纸，回答托育人员下一步要做什么的问题等。在案例2中，虽然伦伦不免受到裤子上鸭子图案的影响，但是在托育人员温和而坚定地争取其注意力与合作的情况下，他也参与了整个换纸尿裤的过程，比如：配合托育人员帮他脱裤子、换纸尿裤，望着换下来的纸尿裤，忍受冰凉的湿巾擦拭屁股的感觉，最后穿上新纸尿裤与裤子。这个过程不仅使婴幼儿与托育人员建立了亲密的关系，也促进了婴幼儿语言能力的发展，使他们自然地习得冰凉、干湿等概念和卫生保健知识，培养了与人合作共事的意识，让"保育作息即课程"成为可能。

其他保育作息时段也应成为支持婴幼儿在生活中学习的契机。比如，在每日的入园和离园时段，如果婴幼儿能深深地参与其中，那么日积月累下来他们将理解入园时的消毒措施、测量体温有何作用，习得维系人际关系的问候和道别技巧，也自然促进了口头表达能力的发展。更重要的是，在托育人员的协助下，他们学习与人分离时如何控制与调节自己的情绪，而这是人生的必修课。再比如，在每日用餐的时刻，如果托育人员能够营造温馨的氛围，与婴幼儿进行亲密互动，同时愿意邀请婴幼儿参与其中，那么即使是还需要他人喂食的婴儿也可以自然地习得以下技能和行为。

1. 卫生保健与生活自理技能，如餐前洗手、餐后刷牙与擦脸等。

2. 亲社会行为，如餐前帮忙摆放餐具，餐后帮忙清理桌面、擦拭餐具等。

3. 餐桌礼仪，如细嚼慢咽、轻声细语、吞下食物才说话、帮忙递送餐具、说"请""谢谢"之类的礼貌用语等。

4. 食物营养与不偏食，如认识各种食物的基本营养成分、均衡饮食不挑食等。

5. 互动与交流技巧，如口头表达技巧、切入话题的技巧等。

6. 解决问题技巧，比如，当用餐时刻出现汤水洒出、碗盘打翻、食物掉落等问题时，或当婴幼儿间不小心发生人际纠纷时，托育人员协助其学习如何解决问题。

7. 美感体验，如在轻柔的音乐背景下，在温馨如家的环境中（有美丽的餐垫、餐桌上有盛开的鲜花、有色彩协调的餐具与家具等），在与小组围坐就餐的轻松交流氛围中，享用美味的食物。

有些托育机构在保育作息时段，经常让婴幼儿置身事外。比如，换纸尿裤时给予婴幼儿玩具，让其专心把玩，以便托育人员能够迅速地完成工作而不被婴幼儿干扰。在整个过程中，婴幼儿与托育人员毫无互动，既无法与托育人员建立亲密的关系，也无法发挥"保育作息即课程"的效果，更无法习得与他人共同合作的经验。之所以出现这一现象，不外乎以下几方面原因：（1）托育人员希望迅速完成保育工作，以提高时效。比如，他们觉得婴幼儿自行穿脱衣服、用毛巾擦脸太浪费时间，索性帮助他们做了。可是，他们忘了婴幼儿是有血有肉的个体，不是工厂流水线上等待装配的对象，不宜讲求效率。（2）托育人员不放心让婴幼儿自理生活，也担心增加额外的麻烦。比如，他们担心婴幼儿自行进食吃得满桌、满脸甚至满身都是，增加清洁婴幼儿与环境的麻烦，于是干脆一直喂食婴幼儿。（3）这一现象与托育机构中的师生比过低或未彻底实施主要照护者制度有关，导致一位托育人员同时负责照护多个婴幼儿，没办法放慢脚步与婴幼儿进行互动。

具备生活自理能力，是人生的一个重要发展里程碑，也是教保工作的主要目标。婴幼儿时期的保育生活占大部分时间，很多生活自理能力的培养都宜在生活情境中自然而然地进行。保育生活中培养婴幼儿自理能力的时机不胜枚举。比如：饭前饭后，练习洗手；生病时，学习用卫生纸擦拭嘴角、鼻涕、眼屎等；用餐或点心时间，练习握紧汤匙并手眼协调地自行进食等。伴随着长大，婴幼儿的生活自理能力也日渐提高，比如：在清洁自身时，练习用手拧干毛巾擦拭的技巧；在户外玩后，练习将脏裤子或湿裤子脱掉并穿上一条干净裤子的技巧；在有尿意与便意时，练习坐马桶的技巧等。这些生活技巧的练习，需要托育人员的耐心示范与协助。简而言之，在保育活动中培养婴幼儿的生活自理能力，是最为自然且富有情境意义的，不过，如果托育人员发现婴幼儿的某项生活自理能力有待强化，比如，每次外出前后，婴幼儿都会因为心急与时间仓促而无法学习穿脱衣服，那么托育人员可以通过区域活动或小组活动时间，设计教具或活动来强化。

### 三、托育人员以关爱之心敏锐地回应婴幼儿的需求

第二章指出，与婴幼儿建立亲密的关系是各领域共通的教保原则，而托育人员以关爱之心敏锐地察觉与迅速地回应婴幼儿的需求是建立亲密关系的必要途径。比如，婴幼儿在到达托育机构不久后或从户外活动回来后，开始不断地揉眼睛、打哈欠或哭闹，表现出想睡觉的迹象，这时候敏锐的托育人员就会立即安排他安静且舒服地躺下休息，让婴幼儿在感受到可预期的爱的同时情绪得到调节，产生安全感与信任感，人际关系得以发展。

在案例3中，婴儿在睡醒时啼哭，托育人员迅速走到小床边察看，敏锐地

察觉并满足了婴儿渴望他人陪伴的需求，在情绪共舞中使两人的情感联结更加紧密。整个过程不仅有助于婴儿的语言发展，也使婴儿学习到用力伸手、踢脚可引发物体反应的因果关系，反映了在生活中学习与"游戏和探索即课程"的理念。

### 案　例　3

"怎么了，宝贝？这么快就睡醒了，是纸尿裤湿了吗？"托育人员在检查后发现纸尿裤没有湿，于是立即转动小床上的旋转音乐铃。达达看了看旋转的音乐铃，继续小声地啼哭。托育人员推断，他可能是寂寞了需要有人陪伴，于是一边说着"好好好，宝贝，抱你了，抱你了"，一边将他抱起来并走动着安抚他："不哭了，要抱抱，达达睡醒了，要抱抱。"达达渐渐停止了哭声。托育人员用双手将他撑坐在自己的大腿上，两人面对面地坐着，接着哼起儿歌并舞动着达达的双手，达达也注视着托育人员咿咿呀呀地附和着。托育人员说："达达接下来想做什么呢？（停顿一会儿四处看看）哦，我们来玩玩具好了。"随即，她把达达放到地垫上的运动架下，顺势拉着拉环使其发出声音以吸引达达的注意，然后拉起他的小手朝向拉环，示意他拉动拉环，她则在旁边的地垫上坐着微笑地看着他。之后，达达尝试拉动其他两个拉环，并不经意地踢响了脚边的踢踢琴。托育人员见状立即回应道："哇！什么声音？好好听。"达达则在咯咯的笑声中不断地尝试踢、蹬脚发出声响，过了一会儿，他开始翻身向托育人员所在的方向移动。

案例4也彰显了"保育作息即课程"的理念，幼儿在这个过程中既借机学步，又学习了如何解决问题。

### 案　例　4

早上刚到园的学步儿阿翔心情似乎不佳，他手中抓着从家里带来的球，在保育活动室门边的置物柜旁呆呆地站了一会儿又坐下。人来人往中，他手中的球无意间滚走了，于是他开始啜泣。托育人员立刻蹲下来关心与安慰他："怎么了，阿翔？你手里刚刚拿的球呢？""嗯！滚走了吗？""球滚到哪里去了？我们一起找找看！"托育人员四处寻找，并示意阿翔跟着一起找找看。"喔，看到了！滚到那边去了，在那张桌子底下，我们可以想办法捡回来。"于是，阿翔在托育人员的协助与鼓励下，扶着旁边的架子蹒跚前行，临近桌子前时，他先看了看托育人员，然后自行转成爬行动作钻到桌子底下，终于捡到球。在爬出桌子撑起身子时，阿翔脸上挂着笑意，捏着球发出哔哔声并小声地说："球！"他把球放到托育人员手上，托育人员看了看，随即说道："好特别的球，一按就有声音啊！阿翔喜欢球，对吧？小绵羊的家（本班班名）也有很多球哦！"在托育人员给予了爱的抱抱后，阿翔扶着桌子走向邻近的玩具操作区，在球篮前坐下来探索各种球。

综上所述，在日常生活作息中托育人员应尽量以关爱之心敏锐地回应婴幼儿的需求，启动与婴幼儿的亲密互动，让婴幼儿在参与保育活动中自然地培养生活自理能力，学习解决社会冲突，习得空间、数量、序列、模式、因果关系、物体永恒等认知概念。

## 第三节　核心实践Ⅲ：游戏和探索即课程

游戏促进婴幼儿的各领域发展，是有效教与学的重要方式。游戏创造了儿童的最近发展区，使其表现超出平常行为（Vygotsky，1978）。游戏犹如儿童的心智工具，在他们的发展与学习中发挥中介作用（Bodrova & Leong，2007）。然而，婴幼儿的游戏与探索行为很难区分开，因为他们在游戏中运用各种感官进行探索，也在探索中运用各种感官进行游戏（周淑惠，2017，2022）。比如：婴儿在玩积木时，经常将积木放入嘴中吸吮，拿在手中凝视与把玩，将两块积木相互碰撞，将积木掷于地板上等；学步儿会将积木放入桶中又倒出，带着积木或积木桶游逛，在堆叠积木后将其推倒等。这些行为都发生在婴幼儿一边游戏一边探索积木时，这使他们能够进一步了解积木的特性。成人很难分辨他们是在游戏还是在探索。婴幼儿在游戏和探索中认识万事万物并建构相关知识，可以说游戏和探索是婴幼儿认识世界的主要方式。

儿童自出生起就运用五种感觉——听觉、触觉、视觉、嗅觉、味觉——探索周围的环境，比如，用视线追随移动的物体，转头趋向发出声响的物体等。到了能够移动身体时，他们会到处爬、走动，一边游戏一边运用手、口探索环境中的物体。游戏和探索就是课程，也是婴幼儿教保课程的主要内涵与方式，教保课程必须蕴含游戏和探索的成分，包括：设计区域、小组游戏和探索活动，创设室内外游戏和探索环境，以及提供发展适宜性玩教具等。

### 一、实施区域、小组游戏和探索活动

教保活动通常有三种形式：区域活动、小组活动和全班活动。针对 0—3 岁婴幼儿，托育人员应尽量安排区域活动和小组活动，其内涵以游戏和探索为主。区域又称兴趣区或兴趣中心、学习区、角落等，婴幼儿活动室通常会设置一些区域，它们鼓励婴幼儿自助或自立，可回应婴幼儿游戏和探索的"个体差异性"（每个婴幼儿的行为表现均不同）和"内在个体差异性"（每个婴幼儿在一天内的各个时段、各个空间的表现均不同）。这些差异表现为以下三个方面。

1. 学习类型——探索建构、不断练习、好奇观察与解决问题。

2. 社会互动——独自游戏、合作游戏与平行游戏。

3. 指导方式——自我指导、合作指导、平行指导、他人指导。（Day，1983）

具体说来，每个婴幼儿的学习类型、社会互动与指导方式都不相同。即使同一个婴幼儿在一天中的不同时间、空间的表现也存在差异，而活动室内的多元区域恰恰能够满足婴幼儿的不同需求，即区域中的玩教具与活动可以容许不同的学习类型、社会互动与指导方式，让婴幼儿依据自身需求自由地选择游戏区域与内容。婴幼儿的年龄越小，个体差异性越大，越需要那些容许他们自由游戏和探索的区域活动，因此，教保活动应尽量安排区域游戏和探索活动。

形状积木配对嵌盒

区域活动是婴幼儿自由发起的探索活动，托育人员则在旁观察、陪伴、共玩，或穿梭于区域间给予适宜的协助或搭建适宜的鹰架。托育人员应鼓励婴幼儿进行发散性思考，如合并使用玩具、以不同的方式操作玩具、考虑不同的角度、以富有创意的方式使用玩具等，进而解决游戏中的问题。比如，当婴幼儿想将形状积木塞进形状积木配对嵌盒却屡屡失败时，当他们的积木一直掉落无法堆高时，或者当他们想舀球入盒但球不断滚落时，这些对婴幼儿来说都是学习解决问题的大好时机，托育人员宜引导婴幼儿思考积木塞不进去、一直掉落或滚落的原因。托育人员宜在婴幼儿尝试多次后才适时地介入，而不是在婴幼儿一遇到问题时就立即帮他解决，这反而剥夺了婴幼儿学习的机会。

对于婴幼儿无法将形状积木塞进形状积木配对嵌盒的情况，托育人员可以通过语言、手势或平行操作方式（托育人员在旁操作，将形状积木底部朝上，与配对嵌盒上的嵌洞并列，从而辨别二者的异同），配合提问来吸引婴幼儿的注意并引发他们思考："要塞进去的这个洞是什么形状的？你手上拿的这个形状积木的底部是什么形状的？"在这个过程中，婴幼儿可能需要进一步使用观察（观察形状积木的底部和配对嵌盒上的嵌洞）、比较（比较二者的形状，找出异同）、推论（思考积木塞不进嵌洞的可能原因）、实验（找出原因后再试着塞塞看）等探究能力去发现答案，解决问题。

其他教保活动时段，则尽量以小组活动为主。比如，2~5名幼儿围坐在托育人员身边、靠在托育人员身上或围在小桌旁，一起共读绘本、唱手指谣、操作玩教具、探索宝贝篮、使用手指膏进行创作、开展有趣的活动等。这些小组活动多半是托育人员预先设计的、有目标的活动。比如，托育人员想发展婴幼儿的小肌肉能力，于是设计了"我是点心师傅"的活动，让婴幼儿使用搓、捏、按压等动作。再比如，为了促进婴幼儿的语言理解与表达能力发展，并帮助他们认识身体部位，托育人员设计了"用身体部位玩游戏"活动。全班活动如早上来托育机构后的晨圈活动、外出前的集合叮嘱等，则应将数量减至最少，时间也需简短。

值得注意的是，托育人员在一开始设计小组活动时，就要将婴幼儿思考或探究所需的时间和机会考虑进来。比如，在"我是点心师傅"活动中，婴幼儿需要思考或探究如何使用压模器，如何做出小汤圆。再比如，在"球真好玩"活动中，婴幼儿需要思考或探究怎么调整木板才能让球滚得远。这些活动都需要婴幼儿先进行多角度思考或探究，然后提升游戏的层次或解决游戏中的问题。以"球真好玩"为例，婴幼儿必须在观察、比较、推论、实验后才能适当地调整木板，让球滚得较远或较快。再以"用身体部位玩游戏"为例，托育人员问："还有哪些身体部位没有唱到？""手，除了可以拍之外，还可以用来做什么？""脚，除了可以踢之外，还可以用来做什么？"这些问题启发婴幼儿进行多方面思考或发散性思考。在小组活动实施阶段，托育人员需要结合活动方案与婴幼儿当下的状况，尽量激发婴幼儿的思考或探究欲，以便玩出游戏的深度或广度，解决游戏中的问题。

当前如火如荼开展的 STEM 教育致力于培养儿童的探究和解决问题能力，它已向下延伸至婴幼儿阶段。此外，人工智能时代所需的正是探究、解决问题等能力或素养。因此，在 0—3 岁婴幼儿的教保课程中，托育人员担负着培养能思考、善探究、会解决问题的未来公民的重大责任。

## 二、规划安全、多元的区域游戏和探索环境

第二章指出，规划环境是四大共通的教保原则之一，这足以证明规划环境对婴幼儿教保课程的重要性。托育机构的整体环境宜营造如家般的温馨氛围，

并具有视觉上的协调性和美感，让婴幼儿不仅在心理上感受到与托育人员的亲密关系，而且像在家里一样充满安全感、信任感与舒适感。为此，有些托育机构进行混龄设计，让婴幼儿身处在一个大家庭中。不过，如果采用混龄班，那么应为年龄较小的婴儿准备一个圆圈区域，让他们可以在此安心地游戏和休憩，免受年龄较大的幼儿的干扰或侵犯。

潭美托育家园　　　　　　　　　　　　　　　　　　　　　　　某托婴中心

混龄保育室　　　　　　　　　　　　　　　混龄保育室

通常，婴幼儿的活动室内必须具有满足婴幼儿生活保育（如睡眠、用餐、清洁等）的空间，其余空间可规划为供婴幼儿游戏和探索的区域。无论是生活保育空间还是游戏和探索区域，都必须以婴幼儿的安全和健康为先，因为没有安全和健康的环境，婴幼儿的成长就是空谈。比如，插头必须加盖保护，橱柜和桌子的边角要包上防撞条，清洁剂与酒精等物品必须标明且放在婴幼儿够不着的地方，随时注意细小的玩教具零部件以免婴幼儿误食，每天清洁与消毒玩教具、用品和环境，活动室中的清洁护理台与调奶台要分开设置等。

可供婴幼儿自由游戏和探索的多元区域空间，对婴幼儿的发展与学习非常重要。区域的设置建立在托育人员对婴幼儿发展的理解基础之上。下文以0—8个月婴儿活动室内常见的区域为例进行说明，同时也指出了其他年龄段的婴幼儿活动室内的区域设置。

## （一）身体运动区

0—8个月是婴儿身体动作发展的快速期，他们由躺卧、翻身、坐起发展到

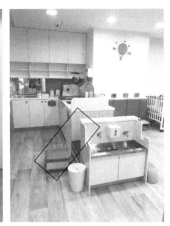

明伦托婴中心

护理台（成人座式低尿布台）与调奶台分开

爬行，甚至有些婴儿可扶着物体站立。因此，活动室内至少要设置随时方便婴儿使用的身体运动区，为婴儿提供练习、巩固动作与向前发展的机会。托育人员可在这一区域投放大型运动地垫，让睡醒的婴儿在这里仰卧扭动、俯卧抬头、翻身、爬行等，以强化他们的躯干与四肢力量；也可以在地垫上放置拉、拍、按、踢等会有所反应（如发声、转动等）的运动架，让婴儿能够运动四肢并体验因果关系；还可以摆放具有各种形状且可根据需求自由组合造型的大型体能玩

明伦托婴中心

墙面嵌有扶手的安全镜片

具。此外，墙面嵌有扶手的安全镜片，可以让婴儿在翻身、俯卧、爬行、试图站立时观察到自己。托育人员甚至可以提供学步车，以备发展水平较高的婴儿的不时之需。

## （二）玩具操作区

0—8 个月婴儿非常喜欢吸吮或者舔咬物品，他们同时也在发展小肌肉，因此活动室内应设置促进婴儿小肌肉发展与手眼协调能力的玩具操作区。托育人员可在这一区域投放供婴儿操作的适宜性玩教具，如可抓握的各种造型的固齿器、可发声的各种手摇铃、安抚用玩偶、触觉球、洞洞球、软质积木、套杯、握柄式拼图、按压类小乐器或者结合了不同功能的固齿摇铃、固齿触觉球等。

## （三）绘本故事区

儿童的阅读习惯应从小培养，因此活动室内应设置绘本故事区。但是，由于 0—8 个月婴儿通常会舔、咬、啃、打书，因此托育人员应在这一区域投放耐得住啃咬的图书，如硬卡纸书、布书等。针对这一阶段婴儿的发展需求，托育人员还可以准备：含有简单叠声词、押韵句或动物叫声的绘本，读起来朗朗上口，便于婴儿模仿；可抚触（如绒布、丝巾等不同的材质）、可操作（如手指可钻入、可转动等）的绘本，既能满足婴儿的探索之需，又可以邀请他们参与阅读的过程；可按压的有声绘本以及点阅时可发声的点读笔，增加了阅读的乐趣，反映了时代的趋势。此外，托育人员还可以准备手指偶、布偶等，供说故事之用。

## （四）感官探索与创作区

有较大空间的活动室可设置感官探索与创作区，以满足婴儿的感官探索需求。托育人员可在这一区域投放供婴儿探索与创作的彩糊、各种材质的布料（如丝巾、棉布、粗麻布、绒布等）、宝贝篮（里面放了空精油瓶、空香料瓶、坚固的镜片、水晶、梳子、木头等）、可移动式水箱（有轮子，可四处推动或伸缩高度）。如果活动室的空间有限，那么托育人员可以通过组织小组活动来引导婴儿进行感官探索。

以上四个区域也适用于 1—2 岁幼儿的活动室，只不过其中有些玩教具需要微调。首先，身体运动区宜增加推拉式玩具，如学步车与滑步车，为学步儿提供练习走路与增强下肢力量的机会，同时增加扶手梯桥，让可以走路的学步儿练习爬楼梯。其次，玩具操作区宜增加拼图、套圈、有坡度的轨道、各种球、形状积木配对嵌盒、钉锤等促进婴幼儿手眼协调能力和认知发展的玩具。再次，绘本故事区可以增加更多的具有重复词语、押韵词的绘本，让婴幼儿可以模仿或跟着朗读，发展语言能力，或者增添更多可以让婴幼儿动手操作的绘本，吸引婴幼儿全身心投入阅读活动中。不过，托育人员应告诉婴幼儿爱惜绘本，如不用力拉扯绘本等。最后，感

某托婴中心

绘本故事区

官探索与创作区可微调成注重更多创作素材的艺术创作区，并增添黏土、面团、压模器、擀面棍、蜡笔、彩色笔与各类纸等。

　　至于 1.5 岁以上幼儿的活动室，除以上四个区域外，还可以增加扮演区、积木建构区和生活区。在扮演区，托育人员可以投放代表多元文化的服饰，提供烹饪道具以及各种填充玩偶、纸箱、纸盒、布料等，以配合 2 岁前儿童萌发的象征性表达能力，让幼儿可以玩扮演游戏。在积木建构区，托育人员可提供各式积木如纸质积木、乐高积木、磁性积木等，运输工具如玩具工程车、卡车、汽车、飞机、轮船等，以及各种动物模型如长颈鹿、马、牛、鲸鱼、鸟等的模型，以鼓励幼儿的各种建构行为。在生活区，托育人员可以提供一些促进幼儿的生活自理能力和小肌肉操作能力的玩具。托育人员也可将生活区与玩具操作区合并，不单独设置。重要的是，这些区域允许幼儿自由探索，所有玩教具都是开放式陈列的，便于幼儿自由选择。

某托婴中心

扮演区

等到幼儿 2 岁时，活动室内的区域内涵也要随着儿童年龄的增长而微调。比如，积木建构区可增加体积比较小的卡普乐积木片（Kapla），鼓励幼儿更精细的建构行为，或可自行组合的有坡度的轨道，让幼儿有机会体验简单的力学、空间关系等。玩具操作区可改为益智区，增加多种有益于幼儿认知发展的游戏，如简单的棋类游戏。扮演区尽量不再出现仿真厨具如炉子、炒菜锅等，以便幼儿更能进行象征性表达，如将单元积木当成手机打电话、将厚纸板当成炒锅、翻动手掌假装炒菜、将纸箱当成吃饭的餐桌等。

总之，在区域游戏和探索时段，婴幼儿可以在以上区域自由移动，因为所有的玩教具都开放式地陈列在架子上，婴幼儿能自由选择所喜欢的活动与玩教具。

### 三、提供安全、适宜、有趣且有益于婴幼儿思考或创造的玩教具

在选择区域玩教具时，首先，托育人员需要考虑的是安全，即玩教具符合

国家的质量认证标准。其次，玩教具要符合婴幼儿的发展特点，即具有发展适宜性。婴儿的玩教具材质最好是柔软的，便于他们放入嘴巴探索。学步儿的玩教具类别要更多样，包括：按压有反应的玩教具，以帮助学步儿体验因果关系等概念；形状积木配对嵌盒，以有益于学步儿的认知发展；钉锤，以增进学步儿的手眼协调能力；较多片数的拼图，以向学步儿提出挑战。通常有益于婴幼儿思考或创造的玩教具，更能激发婴幼儿的潜能，符合婴幼儿的发展需求。

　　婴幼儿天生具有创造力，经常不按常理使用物品，比如，把鞋子当小船在水里行驶，将有手柄的小锅当作装小球的容器，把小纸箱当帽子戴等。因此，玩教具要允许婴幼儿发挥自己的创造力来使用。一般来说，开放性玩教具更有益于婴幼儿创造力的发展，如可堆叠的积木，可揉捏塑形的黏土，可涂鸦、剪、撕、折、粘贴、编织的纸张，可触摸、堆砌、实验的沙与水等。有益于婴幼儿思考的玩教具通常能够帮助婴幼儿体验重要的认知概念，如配对、分类、序列、形状、几何等，因此，托育人员应将拼图、几何片、套杯、形状积木配对嵌盒、彩色串珠等投放到区域中。有益于婴幼儿思考的玩教具还包括线轴、球类、齿轮、斜坡、有坡度的轨道等，因为它们可以让婴幼儿发现自己的行动所产生的结果或所引发的反应，进而帮助婴幼儿体验因果关系、空间关系、物体永恒、简单力学与科学相关概念。总体而言，有益于婴幼儿思考或创造的玩教具，通常都是很有趣的、能够吸引婴幼儿积极操作的。

　　有些玩教具可由托育人员自制，以配合主题课程的需要，如托育人员可自制动物的食物配对教具、动物拼图、动物的家配对教具，让"可爱的动物"主题课程的区域内涵更丰富。不过，有些玩教具经常出现于区域中，并不是刻意配合主题而制作的，比如：促进小肌肉发展的舀豆玩具（用汤匙舀豆入碗）、夹夹乐玩具（用衣夹沿图像轮廓夹）；增进生活自理能力的拉链衣饰框；强化数学能力的排序类材料或数量配对材料等。此外，积木建构区的各式积木、艺术创作区的各种材料和扮演区的各种道具等，也常出现在区域中。区域中的玩教具要定期更换或随主题变化，让婴幼儿永葆新奇感和探索兴趣。

　　同样重要的是，在婴幼儿游戏和探索时，托育人员必须在旁陪伴、观察并适时地激发婴幼儿的思考或探究欲，比如，问婴幼儿："球还可以怎么玩？""怎么做才能让车子跑得更远？"

### 四、创设室外游戏和探索环境并经常提供户外探索机会

可供婴幼儿游戏和探索的室外环境与室内区域一样地重要，不可忽视！里夫金（Rivkin，1995）指出，学校或托育机构若缺乏自然区域，将不利于孩子的健康发展。不过，城市中的托育机构通常空间有限，只能借助周边资源，比如，使用社区内的花园或社区附近的公园。通常，托育机构中的宽敞走廊可加以使用。室外环境也应像室内一样规划成不同的游戏区域，如有小型滑梯、秋千的游戏结构区，充满感官刺激的沙水区，开阔的草坪嬉戏区，可骑乘各种交通工具的硬表层区，饲养可爱动物的动物观察区等（周淑惠，2008）。为增进婴幼儿的身体健康与环境适应能力，托育人员要经常为婴幼儿提供在室外环境中游戏和探索的机会，每日作息皆需安排室外探索机会。

需要注意的一点是，如果婴儿与学步儿共享一个室外空间，那么托育人员最好用围栏或木板将这个空间隔开，而且它一定要远离球类运动与跑跳的区域，让婴幼儿既能身心安全地在此区域游戏和探索，又能观察哥哥姐姐们的活动。托育人员可在此区域铺上运动地垫，让婴幼儿翻身、爬行、走路、跑动等；也可提供大型积木式体能玩具，让婴幼儿钻爬山洞、攀爬阶梯、走独木桥等；还可用篮子准备一些操作类玩具与耐啃咬的绘本。室外环境中最好也有一个带楼梯的清洁护理台，供托育人员给婴幼儿换纸尿裤与清洗，不仅可以减轻托育人员怀抱婴幼儿之苦，也方便婴幼儿在室外游戏和探索时使用。

综上所述，游戏和探索是婴幼儿认识世界的主要方式，也是教保课程的主要内涵与方式。为满足婴幼儿的游戏和探索需求，活动室宜规划安全、多元且容许婴幼儿自由探索的区域，如身体运动区、玩具操作区、绘本故事区等，提供安全、适宜、有趣且有益于婴幼儿思考或创造的玩教具，并实施区域与小组活动。此外，还必须创设室外游戏环境，并经常为婴幼儿提供在室外探索的机会。

# 第四节　核心实践Ⅳ：鹰架婴幼儿的学习

发展适宜性教育不仅着眼于婴幼儿的现阶段发展，也重视婴幼儿的未来发展，通过为婴幼儿提供各种支持与协助即"鹰架"，使婴幼儿的潜在能力得到持续发展或延伸。"鹰架"一词最早是由伍德等人（Wood et al,，1976）基于维果茨基的最近发展区概念提出来的。在维果茨基看来，儿童具有正在成熟中的能力，教学应走在儿童发展的前面，而非坐等儿童的能力成熟，即教学创造了儿童的最近发展区，唤醒并激发儿童生命中正在成熟的功能，促进其认知发展（Vygotsky，1978）。换言之，教育的目的就是为儿童提供处于其最近发展区的挑战性经验，使儿童在成人的引导下向前发展。因此，鹰架教学是指成人与儿童在具有挑战性的、目标导向的活动上进行温暖愉快的合作，并且成人在儿童的最近发展区内提供适当的支持与协助（Berk，2001）。美国科学教师协会指出，婴幼儿的能力与发展有赖于成人搭建的鹰架（NSTA，2014）。笔者在第二章归纳各领域的教保原则时也发现，搭建鹰架是各领域教保的共通原则之一。托育人员如何鹰架婴幼儿的学习呢？具体做法如下。

## 一、与婴幼儿建立相互主体性关系

所谓相互主体性是指对话参与者试图理解彼此心中的想法，进而心灵交汇、共享理解，即有共同的焦点并相互理解，它是一种彼此互为主体的状态。相互主体性建立在亲密关系之上，一方做出某一个表情或肢体动作，另一方马上心领神会，回应对方，最后形成心灵交汇的状态（Berk，2001，2013）。因此，托育人员若想通过挑战性活动促进婴幼儿的发展，一定要先充分了解婴幼儿，与其建立亲密关系以达到相互主体性状态，进而设计适宜的活动与提供适宜的协助。当婴幼儿面对新材料（如黏土、沙子等）而不安地皱起眉头时，照顾他的托育人员立即抱着他操作该材料，并运用肢体语言表明该材料很好玩，以打消他的顾虑，过一会儿，拉起他的小手、小脚轻轻地碰触该材料并不断地鼓励他操作，使他逐渐接受该材料，这就是托育人员与婴幼儿的相互主体性理解。相互主体性对发展照护者与婴幼儿间的依附关系，是很有帮助的。因此，托育人员在日常生活中需要与婴幼儿亲密互动，以达到心灵交汇与相互理解的状态，进而设计适宜的挑战性活动并搭建适宜的鹰架。

## 二、设计能激发婴幼儿潜能的挑战性活动

通常，托育人员鹰架婴幼儿学习的一种方式是关注并调整活动的难易程度，即给予婴幼儿适当的挑战（Berk，2001）。在有意搭建鹰架的过程中，调整活动的难易程度以设计适宜的挑战性活动并不容易，托育人员可能需要多次尝试，才能真正地掌握婴幼儿的最近发展区，尤其是对新手托育人员或刚刚接手某个婴幼儿的照护者而言。所谓挑战性活动是指超出婴幼儿当前发展水平的活动，该活动位于婴幼儿的最近发展区内，对婴幼儿来说有一定难度，需要在他人的协助与支持下才能完成。这类活动能够促进婴幼儿的能力向前延伸。因此，托育人员应针对婴幼儿的潜能或正在成熟的能力设计具有一定挑战性的活动。托育人员必须先与婴幼儿建立以亲密关系为基础的相互主体性状态，才能在持续观察与互动中，了解婴幼儿的潜能在哪里或哪些能力正在成熟中，从而设计适宜的活动激发这些能力。

在鹰架婴幼儿学习的过程中，不断尝试调整活动的难易程度是很正常的。比如，2 岁 10 个月的幼儿学走平衡木，初始根本不敢站上去，托育人员察觉他的不安后，首先降低了平衡木的高度，接着又选择了较宽的平衡木，之后幼儿才有信心站上去行走。再比如，托育人员想提升刚刚学会走路的学步儿的平衡能力，于是设计了让学步儿行进中捡拾地面物品（如小球）的活动，结果学步儿一变换姿势（如弯腰、蹲下）就会跌坐在地上。于是，托育人员将捡拾地面物品，先改成拿取地面较大的物品（如较好抓取的大型填充动物），又调整为拿取置于桌上的物品，使学步儿变换姿势的幅度较小。值得注意的是，婴幼儿的能力在不断地变化，今天还在发展中的能力，数日后就能被熟练掌握，比如，前天即使在托育人员的帮助下也不会翻身的 4 个月大婴儿，今天就能自动翻身。因此，托育人员在亲密关系中持续地关注婴幼儿是非常必要的，这样才能大概

掌握婴幼儿动态变化的最近发展区。

### 三、帮助婴幼儿自我掌控技能或策略

鹰架婴幼儿学习的另一种方式是着眼于成人协助的程度或方法，即托育人员根据婴幼儿的表现评估协助的质与量（Berk，2001）。托育人员可能需要经过多次尝试，才能真正掌握如何评估协助的质与量。比如，当婴儿初次自行进餐时，托育人员可以在婴儿挖取碗里的食物时，协助其握住汤匙、舀出食物并平稳地移往嘴巴方向，之后中途松手让婴儿自己将食物送入嘴中，至于松手的时机可视婴儿的表现灵活把握。在这个过程中，托育人员也可以口头提示他，如食物取少些、握紧汤匙、张大嘴巴、含住汤匙等。再比如，在学走平衡木的活动中，托育人员可以：在旁握着学步儿的手一起走；两手搭在学步儿的腰上，稳住其身躯一起走；口头给予其提示，如把手张开、保持平衡、眼睛看着前面等。托育人员协助婴幼儿的方式与时间取决于婴幼儿的表现。

鹰架的目的是引导婴幼儿投入活动中，在托育人员的适当支持与协助下，促进婴幼儿的潜能开发。因此，在这个过程中，婴幼儿在不断进行着思考，他们在与托育人员的互动中，最终掌控正在学习的相关策略或技能，如学走平衡木、自行进食、平衡身体来捡拾地上的物品等。在托育人员提供鹰架的过程中，如果婴幼儿只是被动地接受，心灵没有投入或缺乏用心体验，那么他们就无法有效地掌握相关技能，鹰架也就发挥不出效果了。

因此，相较于示范、解说、告诉答案，托育人员在为婴幼儿提供协助或引导时要设法激发婴幼儿投入情境中，努力地思考与体验，最终获得相关技能。以拼形状拼图为例，当幼儿将有握柄的正方形拼图往三角形的空间里塞却怎么也塞不进去时，托育人员可以直接问幼儿："为什么塞不进去，它们的形状一样吗？"托育人员可引导幼儿先把手持的那片正方形拼图翻过来，将它放在盘中三角形空间的旁边，再引导幼儿仔细观察二者的形状。托育人员也可以和幼儿一起计数两个形状的边数，让幼儿深刻地察觉二者的不同。

### 四、提供相互支持的多元鹰架

笔者曾针对学前儿童提出六类鹰架：架构鹰架、回溯鹰架、示范鹰架、材料鹰架、语言鹰架、同伴鹰架（周淑惠，2006，2017，2018，2022）。这些鹰架也可延伸至婴幼儿阶段，而且各类鹰架可交互为用、相互支持。托育人员需要根据婴幼儿的能力、实际状况使用它们。

#### （一）架构鹰架

架构鹰架，是指为婴幼儿提供思考或活动的框架或方向，引导较缺乏专注力或系统化行动的婴幼儿专注于眼前的行动，让行动聚焦或有方向可循。儿童的年龄越小，所需的架构鹰架的分量越重。比如，在"我的家庭"活动中，有关自我介绍的步骤图可以为记忆力较差的幼儿提供表达的方向与内容。再比如，在"来找狗儿玩"活动中，幼儿因忙于设法通过隧道、高台等障碍物而忘记将路上的小狗玩具带到在终点的大狗玩具处，于是托育人员在终点处放了一个代表狗屋的模型，然后在模型外放了一只大狗玩具，并不时地口头提醒幼儿"别忘了把小狗带回家，狗爸爸在家里等着"。在以上两个例子中，步骤图、狗屋模型、大狗玩具与障碍步道，为幼儿提供了行动的方向与框架。

#### （二）回溯鹰架

回溯鹰架，是指通过协助记忆能力有限的婴幼儿唤起昔日的记忆和已有经验，促进当下活动的开展。比如，在"可爱的动物"主题课程中，当制作毛毛虫时，托育人员手持搓好的汤圆并使用照片帮助幼儿回忆"我是点心师傅"活动中的小汤圆是如何制作的，再请幼儿动手尝试搓揉面团。再比如，在与婴儿共读《好饿的毛毛虫》绘本活动中，当绘本最后出现了一只绚丽的蝴蝶时，托育人员立即向婴儿展示上星期他们在室外花园追逐蝴蝶的照片，婴儿将绘本上的蝴蝶与他们的已有经验联结了起来。有两三个婴儿拿着照片一直看，嘴里还咿咿呀呀地说着什么；有的婴儿则凑到托育人员身边，指着绘本上的蝴蝶观看并发出类似"蝶"的声音。

### （三）示范鹰架

除游戏和探索外，模仿和练习也是婴幼儿学习的主要方式。因此，适当地运用肢体语言、材料或实物做出示范，让经验、技巧或理解力有限的婴幼儿可以效仿或参照，帮助他们掌握重要的技巧或行动方法，也是重要的鹰架。年龄越小的儿童，越需要托育人员搭建示范鹰架。比如，在"闻乐起舞"活动中，当音乐响起时，毫无经验的幼儿呆呆地站着，此时托育人员跟着音乐节奏示范大步地向前走并左右摆动身体，随后鼓励幼儿一起大步走，并不时地夸赞他们的表现，终于幼儿开始迈开步伐、摆动身躯。婴幼儿在初次接触某种新玩具或新游戏时，可能需要托育人员做出一定的示范。比如，当想激发婴幼儿的象征性表达兴趣时，托育人员抱着小熊玩偶说："小熊一直呜呜地哭，好像肚子饿了，我要喂它喝奶。"之后，托育人员把长条积木当奶瓶假装喂小熊喝奶。这样适度的示范，引发了婴幼儿将圆柱体积木当奶瓶的行为。在婴幼儿的日常生活保育与教保课程中，教师有很多机会向婴幼儿做出示范，如示范如何调节情绪、示范有益于认知发展的行为等，以促进幼儿的能力向前发展。

### （四）材料鹰架

材料鹰架，是指托育人员提供多种材料或工具，引发婴幼儿的思考、表征或探究，进而协助他们理解和建构相关概念。比如：当婴幼儿玩面团时，提供擀面棍、冰棒棍、压模器等，或者当婴幼儿观察花草时，提供放大镜，以引发婴幼儿的多种探索行为；当婴幼儿玩扮演游戏时，提供纸箱、布料并问婴幼儿这些东西可以做什么，以引发多样的扮演行为；当婴幼儿在水箱中玩水时，提供可能引发认知冲突的材料，如海绵块、塑料积木、小钢珠、皮球、高尔夫球等，激发婴幼儿进一步思考与探究。不过，多种鹰架搭配使用，才能发挥最佳的作用。比如，在提供了材料鹰架后，托育人员可能需要稍加示范、说明（示范鹰架），或给予框架、方向（架构鹰架），或以语言提问激发婴幼儿思考（语言鹰架），或回溯经验引发婴幼儿的新想法（回溯鹰架）。

## （五）语言鹰架

语言鹰架，是指托育人员通过读写和对话，帮助婴幼儿思考、推理与探究，因为语言就是"心智工具"（Bodrova & Leong，2007）。第四章所阐述的"对话补说"策略，即运用提问、猜测、填补、确认、重述、重整等帮助婴幼儿进行口头表达，就是语言鹰架的最佳写照。语言是各种鹰架的核心，各种鹰架都需要仰赖语言的中介或传达。比如，在"来找狗儿玩"活动中，托育人员提供的狗屋模型、大狗玩具等架构鹰架，有赖于故事情境中的口头提示："别忘了把小狗带回家，狗爸爸在家里等着。"再比如，在上述示范鹰架中，托育人员说："小熊一直呜呜地哭，好像肚子饿了，我要喂它喝奶。"这也是一种语言鹰架，从而引发了幼儿更多元的扮演行为。此外，当婴幼儿玩面团时，托育人员对擀面棍、压模器等材料的描述也是以语言为中介，让婴幼儿思考、表征与探究。

至于书面语言的鹰架，托育人员在婴幼儿阶段也可使用。比如，在"小白兔的家"活动中，房屋轮廓的海报以及海报中婴幼儿的照片、名字、手印与涂鸦，就是借助图像语言传达了我们是一家人的意象，提醒婴幼儿彼此相爱，它们不仅是架构鹰架，也是语言鹰架。再比如，在"我的家庭"活动中，自我介绍步骤图就是借助图像为婴幼儿提供了自我介绍的内容与方向，帮助他们更容易地进行口头表达，不仅是架构鹰架，也是书面语言鹰架。此外，在区域中使用箭头符号，暗示教具如何归位的操作步骤图，或将手指垂直放在嘴唇上传达"请保持安静"的图像，都是书面语言的鹰架。

## （六）同伴鹰架

同伴鹰架，是指托育人员让较有能力或年龄较大的同伴，激发与协助其他婴幼儿模仿或思考。比如，托育人员在扮演游戏中发现，某个婴幼儿更能以物代物，即更能进行象征性表达，于是特意安排小组扮演游戏，让他带动其他婴幼儿。再比如，在"彩糊缤纷"活动中，某个婴幼儿更能运用身体的其他部位大胆表征，于是安排他到别的小组，引领其他婴幼儿发挥创意。在日常生活作息中，托育人员发现某个婴幼儿能安慰情绪不佳的同伴，于是托育人员向其他婴幼儿大大地夸赞这个婴幼儿并列举他的行为，如抱着同伴安慰、给同伴喜欢的玩具、在旁陪伴等，以有意地激发其他婴幼儿争相模仿，这也是同伴鹰架的运用。

### 五、给予温暖的回应与鼓励

在鹰架婴幼儿的学习时，托育人员适时地夸赞婴幼儿的表现，给予其信心和支持，并针对婴幼儿的问题给予温暖的回应，是非常必要的。比如，在学走平衡木活动中，托育人员温暖地回应道："你做得很好，很棒！你把手张开了，给你拍拍手哟！""现在眼睛要看着前面，不要看我哟！很好，眼睛看前面！""哇！你已经走了大半了，很棒！我在旁边跟着你，我们一起走。"

### 六、逐渐撤回协助的质与量

托育人员搭建鹰架的主要目的是让婴幼儿最终掌握相关的策略和技能，因此，在协助婴幼儿时，托育人员也要逐渐撤回协助的质与量，即协助的质与量逐渐减少，最后完全退出，以便让婴幼儿从实际体验与思考中逐渐担负起责任。比如，在学走平衡木活动中，托育人员从一开始两手搭在幼儿的腰部，稳住其身躯，到用一只手牵住幼儿的手一起走，再到口头提示幼儿保持身体平衡，让幼儿从"两手张开、眼睛看前面"的提示中体验平衡之道，逐渐习得技巧。再比如，在婴儿学习自行进餐时，托育人员从一开始协助他握住汤匙并往嘴巴方向送，到只在婴儿挖取碗中食物时帮其握紧汤匙，再到仅用语言提醒他少舀一些、平稳不晃，最后到婴儿能够完全自行进食，且掉落在饭桌上的食物量逐渐减少。

本节探讨了鹰架婴幼儿学习的具体做法，也提出相互为用的六类鹰架，托育人员应智慧地使用它们。需要注意的是，婴幼儿越不熟悉的经验，所需鹰架的质量越高；同样的游戏或活动，不同的婴幼儿因最近发展区不同，所需的鹰架也不尽相同。

# 第五节　婴幼儿教保课程的样貌

本章前四节分别探讨了发展适宜性教育四项核心实践的做法，这些核心实践也是婴幼儿教保课程的指导方针，其具体开展与实施就构成了婴幼儿教保课程。这四项核心实践均以婴幼儿的各领域发展为念，足见婴幼儿全面发展是教保课程的关注焦点，其中，"均衡适宜的课程"旨在根据婴幼儿的发展状况，设计和实施与婴幼儿的年龄、个性和文化相适宜的课程，以促进婴幼儿的最佳发展；"保育作息即课程"必须参照婴幼儿的发展状况，安排作息时间、进行生活保育并与婴幼儿亲密互动，促使婴幼儿在生活中学习；"游戏和探索即课程"主要关注婴幼儿的游戏和探索能力的发展、兴趣与需求，提供适宜的区域与小组活动；"鹰架婴幼儿的学习"则需要了解婴幼儿现阶段的发展水平与最近发展区，才能设计适宜的挑战性活动并提供适宜的鹰架，以激发婴幼儿的潜能。

这四项核心实践的具体落实需要托育人员与婴幼儿建立亲密的关系，这也印证了第一章所提出的"建立关系是发展适宜性教育的运作基础"，呼应了第二章所归纳的各领域教保共通原则。因此，发展适宜性教育的四项核心实践是密切相关的。本节基于发展适宜性教育的四项核心实践，运用课程与教学的重要元素——目标、内容、方法、评价——勾勒出 0—3 岁婴幼儿教保课程的样貌，同时从课程与教学实际运作的角度——课程与教学设计、课程与教学实施——审视 0—3 岁婴幼儿教保课程的样貌，期望读者对婴幼儿教保课程有较为完整与清晰的理解。

## 一、教保课程样貌 1：课程与教学要素视角

为了促进每个婴幼儿的最佳发展，发展适宜性教育有清晰的婴幼儿发展与学习目标（Copple et al., 2011；Copple et al., 2013）。有了课程与教学的目标，托育人员就要设计课程与教学内容来承载目标，并通过课程与教学方法来实现目标，最后通过评价措施来了解婴幼儿学习与发展的状况，即目标实现的状况。因此，目标、内容、方法和评价是课程与教学的四个要素。表 3.1 通过对课程与

教学要素的综合分析，呈现了婴幼儿教保课程的样貌。

表 3.1　0—3 岁婴幼儿教保课程样貌：课程与教学要素视角

| 目标 | 内容 | 方法 | 评价 |
|---|---|---|---|
| 全人均衡发展 | 各领域发展与相关技能（含挑战性活动） | • 了解婴幼儿的发展特点并与他们建立亲密关系 | 定期观察、评价与记录婴幼儿的发展与学习状况 |
| 潜能延伸发展 | 保育作息活动 | • 实施区域与小组活动，并善用生活中的学习机会，兼顾采用多种教学方法 | 搜集多种评价资料并分析、比较和研讨 |
| 个体发展适宜性 | 游戏和探索经验（环境中的人、事、物） | • 创设安全、适宜的室内外游戏和探索环境，并提供有益于婴幼儿思考或发挥创造力的玩教具 | 依据分析结果调整课程与教学，在园育成发展适宜性课程 |
| | 社会文化与语言 | • 激发婴幼儿思考或探究，并搭建鹰架<br>• 与家长建立伙伴协作关系 | |

## （一）课程与教学目标

如表 3.1 所示，在课程与教学目标方面，托育人员除了关注婴幼儿的全面发展即全人均衡发展外，也要重视婴幼儿的潜能延伸发展和个体发展适宜性，以达到促进婴幼儿最佳发展的目的。

## （二）课程与教学内容

在课程与教学内容方面，首先，托育人员要设计能促进婴幼儿各领域发展与相关技能的活动，也含具有一定挑战性的活动，以巩固婴幼儿的现阶段发展水平和激发他们的潜能。其次，重视保育作息活动中的学习机会。再次，注重婴幼儿与室内外环境中人、事、物互动的游戏和探索经验。最后，重视婴幼儿家庭的社会文化与语言成分，将其融入课程内涵。可见，与婴幼儿相关的人、事、物、地等都可以是 0—3 岁婴幼儿教保课程的内涵，这是设计发展适宜性教保课程所需安排与组织的内容。

### （三）课程与教学方法

在课程与教学方法方面，首先，托育人员需要通过各种方式了解婴幼儿的发展特点并与他们建立亲密的关系，而基于爱的回应性互动是关键，有利于各项教保实践的运作。其次，必须实施区域与小组活动并善用生活中的学习机会，团体活动的数量尽量减至最少，因此创设安全、适宜的室内外游戏和探索环境尤其是多元区域，并提供有益于婴幼儿思考或发挥创造力的玩教具，以供婴幼儿自由游戏和探索，就显得相当重要了。再次，除将游戏和探索作为婴幼儿的主要学习方式外，托育人员还需要适度地采用其他教学方法，如示范、练习、模仿等。为激发婴幼儿的思考或探究并促进婴幼儿潜在能力的发展，托育人员提供适宜的鹰架或引导是非常必要的。最后，与家长建立伙伴协作关系，即秉持相互尊重、平等互惠的精神经常与家长沟通和交流信息，且相互支持、落实教保措施。

### （四）课程与教学评价

如表 3.1 所示，在课程与教学评价方面，首先，托育人员需要定期观察、评价与记录婴幼儿的发展与学习状况。其次，尽量搜集多种评价资料，并做比较、分析和研讨。托育人员可以直接观察和记录婴幼儿的发展与学习、与婴幼儿进行延伸对话、与家长对谈甚至搜集婴幼儿的作品等。在搜集了评价资料后，托育人员可进一步比较婴幼儿各领域发展的进展情况，并与同事研讨交流，以获得更为客观、准确的信息。最后，托育人员将分析与研讨结果作为调整课程与教学的依据，使教保课程在园育成，符合婴幼儿的发展所需，这也是婴幼儿发展适宜性教育的课程关注焦点。

## 二、教保课程样貌Ⅱ：课程与教学运作视角

表 3.2 从课程与教学实际运作的视角——课程与教学设计、课程与教学实施——呈现了婴幼儿教保课程的样貌。

**表 3.2　0—3 岁婴幼儿教保课程样貌：课程与教学运作视角**

| 课程与教学设计 | 课程与教学实施 |
| --- | --- |
| 符合课程与教学的目标与内容 | 运用课程与教学的方法和评价措施 |
| 呈现以主题整合的均衡适宜的课程 | 配合各领域教保原则，尤其是四项共通原则 |
| 课程涉及适宜儿童发展的各领域活动 | |

### （一）课程与教学设计

0—3 岁婴幼儿教保课程的设计，首先要符合表 3.1 中所列出的课程目标与内容，即围绕全人均衡发展、潜能延伸发展和个体发展适宜性设计课程。其次，选择与组织适宜的内容，包括：各发展领域的相关知识、保育作息中的相关事项、游戏和探索中的相关经验、社会文化与语言。最后，设计"主题课程"以整合各领域的活动，主题课程兼顾区域、小组活动并善用生活中的学习机会，主题下的各领域活动则符合婴幼儿的年龄发展特点、个体差异与社会文化，当然也包含具有一定挑战性的活动。

### （二）课程与教学实施

在实施 0—3 岁婴幼儿教保课程时，托育人员首先要运用表 3.1 中的课程方法与评价措施，其中课程方法包括：了解婴幼儿的发展特点并与他们建立亲密关系；实施区域与小组活动，并善用生活中的学习机会，兼顾采用多种教学方法；创设安全、适宜的室内外游戏和探索环境，并提供有益于婴幼儿思考或发挥创造力的玩教具；激发婴幼儿思考或探究并搭建鹰架，以促进他们的发展；与家长建立伙伴协作关系。课程评价包括：定期观察、评价与记录婴幼儿的发展与学习状况，搜集多种评价资料并分析、比较和研讨，根据分析结果调整课

程与教学，以在园育成符合托育园所婴幼儿需求的发展适宜性课程。

针对主题课程中的各领域教学活动的实施，托育人员需要使用与各领域适宜的教学方法或策略，即第二章所提出的各领域教保原则，比如：社会情绪领域的示范与协助婴幼儿调节情绪，鼓励与示范亲社会行为；语言领域的保育作息情境中的回应性互动，新鲜情境中的回应性互动；身体动作领域的强调生活自理技能的培养，重视每日的户外时间；认知领域的鼓励婴幼儿保持好奇心、解答疑惑与解决问题，示范有利于婴幼儿认知发展的行为等。托育人员尤其需要关注四项共通的教保原则——与婴幼儿建立关系、规划环境、搭建鹰架以及以游戏和探索为主、以模仿和练习为辅的学习方式。

本节从课程与教学要素、课程与教学运作两个视角，分析了关注婴幼儿发展的适宜性教保课程的样貌，有助于我们设计与实施具有发展适宜性的婴幼儿教保课程。

第四章

# 婴幼儿各领域活动示例

本章旨在提供社会情绪、身体动作、认知、语言领域的发展适宜性活动示例，每一领域包含六个活动，每个活动都或多或少地涉及其他领域，表明了各领域间的相互关联性；每个活动都涉及三个年龄层——0—1岁、1—2岁和2—3岁，如表4.1所示。这些活动既适合家长在家庭中开展，也适合托育人员在托育机构中开展，所以本章使用了"成人"一词。

表 4.1　各领域发展适宜性活动一览表

|  | 社会情绪 | 身体动作 | 认知 | 语言 |
|---|---|---|---|---|
| 0—1 岁 | 小白兔的家 | 堆堆叠叠 | 宝贝篮 | 合拢张开 |
| 1—2 岁 |  |  |  |  |
| 2—3 岁 |  |  |  |  |
| 0—1 岁 | 我的家庭 | 来找狗儿玩 | 好吃的苹果 | 用身体部位玩游戏 |
| 1—2 岁 |  |  |  |  |
| 2—3 岁 |  |  |  |  |
| 0—1 岁 | 送小熊宝贝回家 | 闻乐起舞 | 用纸箱玩过家家游戏 | 情境式说话 |
| 1—2 岁 |  |  |  |  |
| 2—3 岁 |  |  |  |  |

（续表）

|  | 社会情绪 | 身体动作 | 认知 | 语言 |
|---|---|---|---|---|
| 0—1岁 | | | | |
| 1—2岁 | 好多球啊 | 球真好玩 | 寻花问草 | 动物与叫声 |
| 2—3岁 | | | | |
| 0—1岁 | | | | |
| 1—2岁 | 我爱文化日 | 戳戳插插 | 影子变变变 | 小小地种小花 |
| 2—3岁 | | | | |
| 0—1岁 | | | | |
| 1—2岁 | 情绪与表情 | 我是点心师傅 | 彩糊缤纷 | 找一找东西 |
| 2—3岁 | | | | |

这些活动具有以下几个基本特色。

### 1. 按照年龄逐渐深入

这些活动是根据0—1岁、1—2岁和2—3岁幼儿不同领域的发展概况而设计的，因此具有发展适宜性。首先，活动内涵随着婴幼儿年龄的增长而丰富，反映了年龄适宜性。其次，这些活动约有一半以上可在区域中开展，或小组开展后再在区域中开展，反映了个体适宜性。最后，这些活动包含文化特色活动，反映了文化适宜性。

### 2. 具有复合性

由于婴幼儿的成长与发展非常迅速且个体间的发展差异较大，因此，本章各领域的活动尽可能地采用复合性设计，以便读者自行选择适合婴幼儿能力或兴趣的内容或互动方式。比如，读者会在语言活动中经常看到"视婴幼儿的能力请其说出名称、指认或仿说"这一表述，这说明无论是婴幼儿能说出物体名称，婴幼儿无法说出名称但能指认，还是成人说出名称、婴幼儿仿说，都是可以接受的，这完全取决于婴幼儿的发展状况。复合性活动还能让想激发婴幼儿潜能的读者，可以有所选择。

### 3. 具有游戏性和探索性

这些活动将游戏性和探索性纳入进来，尽量让婴幼儿通过游戏和探索进行思考，提升游戏的层次，或者运用简单的观察、推论、比较、验证等探究能力去解决游戏中的问题。不过，这些活动也并未排除示范，如让婴幼儿模仿或仿说，也并未摒弃适度练习，如让婴幼儿重复念读、练习技能等。值得注意的是，婴幼儿的能力是慢慢形成的，思考或探究习惯是逐渐养成的，所以成人要持续尝试、不气馁。

### 4. 提供了鹰架与说明

为了便于读者在实施活动时知道如何具体地搭建鹰架，活动中尽量指出了可以搭建的鹰架种类如架构鹰架、语言鹰架、材料鹰架等，同时活动中也备注了说明，让读者知道为什么这么做。

## 第一节　社会情绪领域发展适宜性活动示例

婴幼儿的社会情绪能力如情绪调节能力、亲社会行为等，大都是在生活作息中自然而然地培养的。当然，成人也可以设计活动来促进它们的发展。本节包含六个活动，每个活动涉及三个年龄段并随着婴幼儿年龄的增长而逐渐深入和拓展。由于婴幼儿个体发展差异大，因此，成人需要根据婴幼儿的发展水平与表现参考和使用这些活动，比如，可以从复合性活动中自行选择一个，也可以选择前一个年龄段或后一个年龄段的活动。

# 活动一  小白兔的家

**活动目标：** 增强婴幼儿的集体归属感，帮助他们了解相互关爱的具体表现

**涉及领域：** 社会情绪、语言

**材料准备：** "小白兔的家"海报（见图4.1）、大蜡笔、婴幼儿的照片

**活动方案：** 如下所示

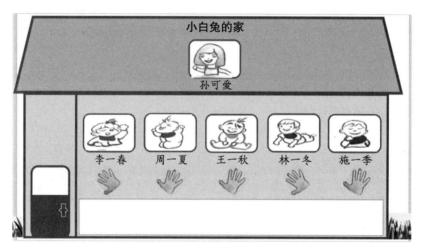

图4.1  "小白兔的家"海报

### 0—1岁婴儿活动方案

1. 成人出示一张上面画有房子的大海报（见图4.1），房子上面画着数个窗户，房顶上写"小白兔的家"（班名）并贴着成人的照片，窗户下面写着每个婴儿的名字。成人运用肢体语言指着海报告诉婴儿："大家都住在小白兔的房子里，老师就像你们的家长，窗户下面写着每个孩子的名字，我们像一家人一样要互相爱护、互相照顾。现在大家要住进来了，这几个窗户要贴上每个人的照片并盖上手印。"（注：接受性语言是表达性语言的基础，在婴幼儿还不会说话时，成人就要与其对话。）

2. 协助婴儿在他们自己的照片背面涂上胶水，贴在房子的窗户上，并让婴儿在自己的名字下面盖上手印（因婴儿年龄小，所以贴照片、盖手印活动更多

地由成人帮忙完成）。然后，将"小白兔的家"海报粘贴到低矮墙面上的亚克力玻璃框内。

3. 成人说："照片贴好了，手印盖好了，大家都住进来了。"之后，成人运用肢体语言向婴儿演示如何表现相互关爱的行为，如一起共享食物、轮流使用玩具、在别人跌倒或难过时安慰他等。

4. 成人示范两两拥抱，鼓励婴儿效仿，并与几名婴儿围抱在一起（注：建立一个充满关爱的学习共同体，让成员具有归属感、安全感与幸福感，是发展适宜性教育的重要成分。这个活动类似一个建立充满关爱的学习共同体的仪式，"小白兔的家"海报发挥着架构鹰架的作用，向婴儿指出了行动方向）。

## 1—2 岁幼儿活动方案

1. 同"0—1 岁婴儿活动方案"的第 1—2 步，但是尽量让幼儿自行涂胶水、粘贴照片、盖手印。

2. 成人在自己的照片旁边用大蜡笔画上自己喜欢的画，告诉幼儿在"小白兔的家"（见图 4.1）每人手印下面的空白处，用大蜡笔（每个人用不同的颜色）涂鸦，想画什么就画什么，鼓励幼儿试着动手绘画，哪怕他们只是画一些线条或乱画都没关系。

3. 成人指着幼儿的照片叫出他的小名，夸赞他的涂鸦表现，然后大家一起计数小白兔的家里有多少人，再次强调家人间要彼此相亲相爱。

4. 成人重点与幼儿讨论什么行为是相互关爱的表现，当成人举例说明并运用肢体语言示范后，引导幼儿思考还有哪些表现。成人可以综合运用"对话补说"策略，即一问一答、猜测、填补、重述、确认、统整等帮助幼儿完整地表达出来（注：此举是语言鹰架，目的在于鼓励与协助幼儿表达自己的想法，从小培养他们的思维习惯，但不苛求结果）。必要时，成人可以视幼儿的表现再给予提示或示范。最后，鼓励幼儿两两拥抱，成人与几名幼儿抱在一起。

5. 将"小白兔的家"海报张贴在低矮的墙面上，在晨圈活动点名时，一起查看出勤或缺勤的人数。

### 2—3岁幼儿活动方案

1. 同"1—2岁幼儿活动方案"的第1—4步，重点引导幼儿思考相互关爱的表现有哪些。不同的是，因为这个年龄段的幼儿已经进入幼儿园的托班，此活动可以作为全班集体活动，所以房子轮廓要大一些，或者取消手印以容纳更多幼儿的照片，且每行照片下面每日更新一张白纸，以供幼儿涂鸦。

2. 成人运用"对话补说"策略，请幼儿介绍他的涂鸦作品，比如，成人问："你画的是什么？"然后，从幼儿的回答中进行猜测、填补、确认、重述，最后加以统整（注：幼儿的口语表达能力有限，一开始成人可能需要进行大量的猜测、填补，不过这个活动为幼儿提供了对话沟通与练习说话的机会）。

3. 每天早晨幼儿入园时，请他们在照片下面的白纸上涂鸦，代表签到；在集体活动时间计数出勤或缺勤的人数，并简短地谈论每个人的涂鸦作品的内涵。成人视幼儿的口语表达能力，酌情运用"对话补说"策略。

## 活动二  我的家庭

**活动目标**：联结家庭与托育机构，增强婴幼儿的安全感和信任感，提高婴幼儿的语言表达能力

**涉及领域**：社会情绪、语言

**材料准备**：对婴幼儿有意义的照片（家长配有文字说明）、婴幼儿喜欢的物品

**活动方案**：如下所示

### 0—1岁婴儿活动方案

1. 邀请家长提供2~3张对婴儿有意义的照片（请家长事先在照片上写下相关信息，如人物、活动、环境），以及一件婴儿喜欢的物品。

2. 成人一对一与婴儿互动。成人指着照片依次谈论婴儿、婴儿的爸爸妈妈，比如："这是谁啊？是伊伊啊！""伊伊穿着红色的衣服，真漂亮！""伊伊手里拿着小皮球！""在这张照片里，妈妈抱着伊伊，妈妈戴着眼镜。""这张是伊伊

和爸爸妈妈的合照。"你可以告诉婴儿，你会把这些照片贴在小床边的墙上，让他每天都可以看到（注：婴儿可能还无法认出照片中的人物，但他可以感受到照片中的人物与他有关。此外，接受性语言是表达性语言的基础，所以成人在婴儿还不会说话时就要与其对话）。

3. 拿出婴儿喜欢的物品与其对话，比如："这个球好像是照片上的球！""你喜欢球吗？是这个吗？"允许有能力沟通的婴儿以点头、摇头、用手指或其他方式做出回答。

## 1—2 岁幼儿活动方案

1. 将家长提供的照片贴在集体讨论区的活动式布告板上（成人事先看过家长在照片背面写的文字说明），每天轮流请 1~2 名幼儿试着自我介绍。

2. 成人指着布告板上的照片说："今天要自我介绍的是 ××。"成人视幼儿的能力综合运用"对话补说"策略，如提问、猜测、填补、确认、重述、统整等，协助该幼儿介绍他的家庭成员、活动内容、喜欢的玩具或食物等。比如，成人指着有两个大人、两个小孩的全家福照片说："这个宝贝是伊伊吗？"（注：1.5—2 岁幼儿通常能认出照片中的自己）"在这张照片里，抱着伊伊的是谁？"（提问）如果幼儿没有回答，那么成人可以说："她好像是每天送你来这里的人，是你的妈妈！""这个小孩看起来比你大，应该是你的姐姐！"（猜测、填补）"你喜欢什么玩具？"如果幼儿没有回答，那么成人可以说："我通常手里会拿着自己喜欢的东西，是球吗？"（猜测、填补）"还是你喜欢旁边的沙铃？"（确认）在伊伊点头，或用手指着球，或用其他方式示意后，成人请她仿说"球""喜欢球"，并对其他幼儿说："伊伊说她喜欢球！"（重述）之后，成人对大家说："伊伊家里有爸爸、妈妈、姐姐和伊伊，一共四个人。伊伊很喜欢球，经常拿着球！"（统整）在整个过程中，成人以鼓励幼儿对话为主，不强行要求对话的结果。

3. 将大张纸裁成"我的小书"，协助幼儿将照片贴在小书上，并鼓励他们在空白处涂鸦。

### 2—3岁幼儿活动方案

1. 同"1—2岁幼儿活动方案"的第1步，所不同的是，一开始先请幼儿猜猜这是谁的照片，然后请幼儿自我介绍，以激发他们的兴趣和对活动的投入度。

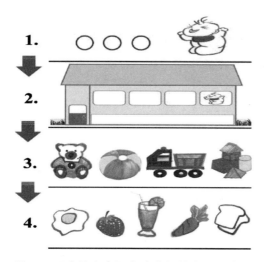

图4.2  "我的家庭"自我介绍的鹰架示意图

2. 同"1—2岁幼儿活动方案"的第2步，所不同的是，成人运用的"对话补说"策略应视幼儿的个体差异而酌情调整。比如，有些两三岁的幼儿能自行说出家人的称谓、喜欢的事物，也能与人对话，需要教师协助的程度较低，不过大部分幼儿或多或少需要教师的帮助。此外，成人可以邀请幼儿试着自己统整。成人可以搭建类似图4.2的架构鹰架帮助他，即请幼儿看着图像（成人依次指着）试着说出"我的名字""我家有哪些人""我喜欢的玩具"和"我喜欢的食物"。

3. 同"1—2岁幼儿活动方案"的第3步。

# 活动三  送小熊宝贝回家

**活动目标：**培养婴幼儿具有同理心，支持他们与人发生关联并玩扮演游戏

**涉及领域：**社会情绪、认知

**材料准备：**小熊玩偶1个、房屋模型2个、纸箱

**活动方案：**如下所示

### 0—1岁婴儿活动方案

1. 成人安排可稳坐的婴儿间隔坐成半圆状，并在一端摆放1个房屋模型，假装是奶奶的家，在另一端也摆放1个房屋模型，假装是小熊的家。成人拿出

小熊玩偶，运用肢体语言扮演哭泣的小熊说："小熊到奶奶家玩，天黑了，爷爷生病了，没办法送他回家，他很害怕。"停顿一下，接着说："请你安慰小熊，然后将小熊抱给旁边的小朋友，一个一个送小熊回家。"

2. 成人示范抱着小熊轻轻抚拍的动作，同时也向婴儿示范如何轻轻地将小熊传递给下一个人，期望能引发婴儿的模仿行为。然后，成人鼓励婴儿一个个地安慰并传递小熊，必要时给予提示。要求婴儿将小熊传给下一个婴儿，这个活动旨在让婴儿借传递动作与人发生关联。

3. 将小熊玩偶和房屋模型放在区域内，供婴儿自由探索。

### 1—2 岁幼儿活动方案

1. 同"0—1 岁婴儿活动方案"的第 1 步，不过孩子们之间的座位间隔大一些，让他们能够站起来走动，将小熊传给下一个人。

2. 安慰小熊并将小熊送回家。只不过，成人应引导这个年龄段的幼儿进行更多的思考，比如，成人可以提问："小熊很害怕，要怎么安慰他呢？"稍微停顿一下，期望幼儿做出回应。如果幼儿没有反应，那么成人可以提示他们或向他们示范，如抱紧小熊并说："小熊很害怕，我要抱紧他。除了这样做，还可以怎么做呢？"（如轻轻抚拍小熊、帮小熊擦眼泪等）之后，问幼儿怎么将小熊传给下一个人（如轻柔地传递、平稳地传递、确认对方抱到小熊等），让幼儿思考。在整个过程中，如果幼儿能够做到，那么夸赞他并以肢体语言指出他哪里做得好，比如："小齐好棒！他轻轻地抚拍小熊！""阿达轻柔地把小熊抱给旁边的小志，没有大力地丢过去，阿达真棒！"如果幼儿想不出办法，那么成人可以给予提示、示范或请其模仿。当幼儿齐心协力将小熊送到家时，假扮熊妈妈的成人说"谢谢好心的你们！"，并引导幼儿说"不客气！"。

3. 将小熊玩偶和房屋模型放在区域内，以激发与鼓励幼儿的扮演行为。

### 2—3 岁幼儿活动方案

1. 同"1—2 岁幼儿活动方案"的第 1 步，所不同的是，不再使用逼真的房屋模型，可以用纸箱表征房子。

2. 安慰害怕的小熊，将其接力送回妈妈家。与上一年龄段强调安慰与传递的动作不同，在本年龄段成人可以强调幼儿说出安慰的话，比如："小熊很害怕，我除了安慰他不要害怕外，还可以怎么说？"（如"不要哭，我陪着你！快到了，等一下就看到妈妈了。"）稍微停顿一下，如果幼儿没有做出反应，那么成人可以给予提示、示范或请其仿说。此外，成人应更加重视幼儿的思考，可以通过使用情境性语言引导幼儿思考如何与小熊互动（含动作与话语），以激发他们的扮演行为。比如，可以说："小熊说他很冷，怎么办？""小熊说他肚子饿了，怎么办？"

3. 将小熊玩偶、代表房子的纸箱放在区域内，以激发与鼓励幼儿的扮演行为。

## 活动四　好多球啊

**活动目标：** 引导婴幼儿与人合作，支持他们进行配对、分类

**涉及领域：** 社会情绪、认知

**材料准备：** 球池、小球、透明的水桶、透明的盒子、纸箱、沙盒

**活动方案：** 如下所示

### 0—1岁婴儿活动方案

1. 准备一桶小球（如乒乓球大小），对可稳坐成一圈的婴儿说："有好多球！球的颜色不同，有红色的球，有蓝色的球。"成人先让婴儿探索一会儿球，如将球拿在手中观察或触摸、将球从一只手上换到另一只手上、滚球、扔球等。

2. 成人告诉婴儿要把这桶球送给很多人，引导婴儿把球分装成盒（透明的盒子，易于观察颜色），便于送人。成人先在盒子中放入1~2个红色的球或蓝色的球，对婴儿说："球球要回家了，红色的球回到红色的家，蓝色的球回到蓝色的家。"然后，成人与婴儿一起合作按照颜色将球放入各个盒中。当婴儿将球放入正确的盒中时，成人拍手夸赞。当婴儿放错盒子时，成人把那些球挑出来

重放。

这个阶段的儿童大都无法做到正确配对、分类，因此本活动只是为婴儿提供了一个给颜色配对的经验，重点在于婴儿能抓握球并将其放入盒中以及与成人一起合作完成任务。所以在这个过程中，成人要不断地鼓励婴儿："快要装满了，加油！"婴儿难免会出现把玩球、扔球等探索行为，成人要适度容忍与引导。

3. 当婴儿将球装满数盒并完成任务时，成人将盖子盖在盒子上，对婴儿说："你们好棒！球都装在了盒子里，这样就可以送人了。谢谢你们跟我一起合作！"

### 1—2 岁幼儿活动方案

1. 成人将球池里的小球拿出一部分，放到比它小且浅的活动式沙盒中，对幼儿说："我们要把这些球送人，可是它们好重，我搬不动，怎么办？"让幼儿想办法解决问题。如果幼儿没有做出反应，那么成人可以提示说："如果每次少搬一点球，就可以搬得动了。那么要怎么做呢？"（语言鹰架）如果幼儿还是没有回应，那么成人可以顺势引导幼儿用水桶运送球（建议用透明水桶，便于幼儿观察桶中球的颜色）。

2. 成人先将一两个不同颜色、不同大小的球（如大的红色球、大的蓝色球、小的蓝色球、小的红色球）各放入不同的透明水桶里，问幼儿："桶里有什么颜色的球？"请幼儿说出、指认或仿说，然后让幼儿与成人合作将不同颜色的球装入不同的水桶中。完成后，一起计数沙盒里的球共装了几桶。

3. 成人示范如何合作提水桶的把手，然后请两名幼儿一组将球运送到活动室的另一处。最后，成人夸赞幼儿的合作表现。

### 2—3 岁幼儿活动方案

1. 同"1—2 岁幼儿活动方案"的第 1 步，不过，考虑到 2—3 岁幼儿的能动性，成人可将透明水桶换成小纸箱。此外，成人应激励幼儿进行更多的思考，因此，对于"球好重搬不动"的问题，应尽量让幼儿思考解决办法。

2. 将球装入纸箱。成人问幼儿："沙盒里的球要按照颜色、大小分装到不同的纸箱里，要准备几个纸箱？"幼儿可能会先计数颜色，依照颜色数量决定箱子的数量，成人则提出挑战，指出也要按照大小分装球，鼓励幼儿再度思考。

如果幼儿未能正确说出箱子的数量，那么成人可以通过提问与幼儿一起思考和计数，比如："沙盒里的球有几种颜色？要准备几个箱子？""每种颜色的球既有大的也有小的，每种颜色的球需要几个箱子？"（语言鹰架）成人引导幼儿按照颜色和大小将球排列在地上并计数（架构鹰架）。然后，找到足够多的小箱子，让幼儿合作把球按照颜色和大小分装到各个箱子里。

3. 分装完毕，请两人一组将箱子运送到活动室的另一处，并夸赞幼儿的合作表现。

## 活动五　我爱文化日

**活动目标：**引导婴幼儿了解不同文化的特色，懂得表达谢意

**涉及领域：**社会情绪、认知

**材料准备：**相关文化活动的照片，相关文化的物品、服饰、音乐、食材等

**活动方案：**如下所示

### 0—1岁婴儿活动方案

1. 托育机构或班级每隔一段时间举办一次特色文化日活动，播放不同文化的音乐，张贴不同文化活动的照片，展示与文化相关的物品与服饰（注：将婴儿的家庭文化引入托育机构，是发展适宜性教育的重要成分，建议在孩子入园初期就调查他们的家庭文化，并与家长沟通文化活动的意义，恳请他们配合和参与，将其纳入课程计划中）。

2. 邀请家长表演与自己文化有关的歌曲或舞蹈。

3. 家长和托育人员抱着婴儿或扶着可以站立的婴儿，在有文化特色的音乐中共舞。

4.托育人员引导婴儿用该文化语言向家长道谢与说再见。

### 1—2岁幼儿活动方案

1.同"0—1岁婴儿活动方案"的第1步。

2.邀请家长表演与自己文化有关的歌曲或舞蹈，分享自己文化中的特色美食。

3.根据幼儿的能力，让家长带着幼儿开展简单的文化活动，如制作手工艺品。

4.托育人员带领幼儿用该文化语言向家长道谢与说再见。

5.将该文化的传统服饰、活动照片与文化用品投放到区域中，以引发幼儿的探究或扮演行为。

### 2—3岁幼儿活动方案

1.同"1—2岁幼儿活动方案"的第1—3步。不同的是，除了制作手工艺品，家长还可以和幼儿共同制作美食。家长可以先将馅料或食材准备好，然后示范和协助幼儿制作简单的部分，比如，放入馅料包春卷等，重点在于让幼儿感受不同的文化特色与氛围。

2.托育人员带着幼儿用该文化语言向家长道谢与说再见。

3.将该文化的传统服饰、活动照片与文化用品投放到区域中，供幼儿自由探究或扮演。

# 活动六　情绪与表情

**活动目标：**引导婴幼儿认识和分辨基本的情绪与表情

**涉及领域：**社会情绪、认知

**材料准备：**情绪卡片、情绪卡片头套、安全握镜、自编的故事

**活动方案：**如下所示

## 0—1岁婴儿活动方案

1.成人在婴儿面前运用脸部表情表演各种情绪，每表演一种情绪就描述脸上的表情以及为什么会有这种表情，比如："今天我很快乐，我在笑，因为今天是我的生日。""今天我很难过，我在哭，因为我家的小狗生病了。"拿出该情绪卡片，对照情绪卡片指出该情绪表现在脸上时的样子，如嘴角上扬、眼睛眯着、嘴角下撇、流出眼泪等。

2.成人自编一个含有不同情绪的故事（可参照本活动末尾的自编故事），并运用脸部表情将整个故事中涉及的情绪表演出来。

## 1—2岁幼儿活动方案

1.同"0—1岁婴儿活动方案"的第1—2步。

2.讲述完自编故事后，成人再次运用脸部表情将各种情绪清楚地表演出来，并描述脸部表情。

3.给幼儿提供有手柄的安全握镜，指出不同情绪表现在脸上时有哪些特征，请幼儿对着镜子模仿做各种表情，但不强求，允许幼儿只对着镜子凝视或探索，然后问问幼儿这是什么情绪，以及什么时候会有这种表情，引导幼儿思考、表达或仿说。

4.成人选择一种情绪，将该情绪的脸部表情表现出来，问幼儿这是什么情绪。成人视幼儿的表现决定如何与他们互动，比如：成人可以拿出情绪卡片请幼儿指认是哪一张，或者问幼儿"是这张吗？"；也可以请幼儿说出情绪名称，找出对应的卡片；还可以请幼儿仿说情绪名称，找出对应的卡片。

5.将情绪卡片与有手柄的安全握镜投放到区域中，供幼儿自由探索。

## 2—3岁幼儿活动方案

1.同"1—2岁幼儿活动方案"的第1—3步。

2.成人确认幼儿能正确挑出对应的情绪卡片。

3.成人戴上由情绪卡片做成的头套（注：起提示幼儿的作用），描述某种情绪及其原因，比如："我很难过，因为我家的小狗生病了。"邀请幼儿表现该情绪的脸部表情。当幼儿表现出来时，成人加以夸赞。然后，问幼儿什么时候会有这种表情，引导其思考、表达或仿说。

4. 请幼儿自行挑选某种情绪并运用脸部表情将其表现出来，让其他幼儿猜一猜这是哪种情绪，并挑出情绪卡片。

**附：自编故事**

早上起床后，熊妈妈发现小熊生病了，小熊一直哭并指着喉咙说痛！小熊看起来很悲伤、难过。这时，小熊的哥哥也起床了，熊妈妈准备带小熊去医院看医生，谁知小熊哥哥太调皮了，他抢走了小熊手中的玩具，小熊很生气地哇哇大哭。

熊妈妈对小熊哥哥抢弟弟玩具的行为很生气，不过她先安抚小熊，然后转身对小熊哥哥说："去幼儿园的时间到了，如果你迟到了，你就玩不了你喜欢的堆沙堡活动！"小熊哥哥丢下抢来的玩具，急着叫爸爸起床送他去幼儿园。

熊爸爸已经知道了小熊哥哥抢弟弟玩具的事情，对小熊哥哥说："弟弟生病很不舒服，你还抢他的玩具……"在爸爸温和而坚定的态度下，小熊哥哥跟弟弟说了对不起。

小熊生病了好几天，不仅熊爸爸、熊妈妈很担心，就连小熊哥哥也觉得很无聊，因为没人陪他玩了，他心里盼望弟弟快点好起来。在熊爸爸、熊妈妈的悉心照顾下，小熊终于康复了，他们的脸上露出了笑容。

又过了几天，小熊的生日到了，他收到了爷爷、奶奶、爸爸、妈妈的礼物，很快乐！全家人决定一起去游乐园玩，小熊和哥哥听到后非常兴奋与期待！

## 第二节　身体动作领域发展适宜性活动示例

婴幼儿的身体动作发展涉及大、小肌肉能力，它们大多可在生活作息中自然而然地培养，也可以通过专门的活动来增强。本节包含六个活动，每个活动涉及三个年龄段并随着婴幼儿年龄的增长而逐渐深入和拓展。由于婴幼儿个体发展差异大，因此，成人需要根据婴幼儿的发展水平与表现参考和使用这些活动，比如，可以从复合性活动中自行选择一个，也可以选择前一个年龄段或后一个年龄段的活动。

# 活动一　堆堆叠叠

**活动目标**：促进婴幼儿小肌肉操作能力的发展，提高他们的感官知觉能力

**涉及领域**：身体动作、认知

**材料准备**：各种材质的积木、小动物玩偶（或小车子）

**活动方案**：如下所示

### 0—1 岁婴儿活动方案

1. 成人拿出木质积木、泡棉积木、纸质积木、塑料积木等，让婴儿自由地探索，体验不同材质积木的触感、重量感等。

2. 成人特地在一旁将积木两两并排放置对比，或协助婴儿两两比较，比如，将一重一轻的两块积木分别放在婴儿的两只手里，说："重的，轻的。"成人还可以敲击积木使其发出声音，并对婴儿说："大声，小声。"（注：接受性语言是表达性语言的基础，在婴儿还不会说话时，成人就要与其对话。）

3. 在婴儿自由探索了一阵后，成人鼓励婴儿将积木堆高。成人可以向婴儿示范如何一个一个地往上堆叠积木，期待婴儿模仿，但不强求。当婴儿能够堆叠 1~2 块积木时，夸赞他。

### 1—2 岁幼儿活动方案

1. 同"0—1 岁婴儿活动方案"的第 1—2 步，所不同的是，在成人协助幼儿两两对比后，请幼儿说出、指认或仿说结果。

2. 鼓励幼儿将积木堆高，允许他堆高后再推倒。在幼儿推倒积木前，成人

伺机带着幼儿一起计数共堆叠了多少块积木。

3. 拿出圆柱体积木、三棱柱积木等并将其横放在地面，鼓励幼儿堆高（注：对于横放的圆柱体、三棱柱积木，幼儿必须想好从哪一面入手才能往上堆叠）。

4. 挑战与鼓励幼儿运用各种形状的积木进行堆叠。在这个过程中成人适度搭建鹰架，期望幼儿模仿并发挥创意，但不强求。成人也可采用"2—3 岁幼儿活动方案"的第 2 步，鼓励幼儿搭建封闭的空间。

5. 将各式积木投放到区域中，供幼儿自由探索。

### *2—3 岁幼儿活动方案*

1. 同"1—2 岁幼儿活动方案"的第 1—4 步，所不同的是在第 4 步，当鼓励幼儿使用不同形状的积木自由堆叠与造型时，成人可协助他们谈论他们堆叠的是什么或像什么，以及一起计数堆叠的积木块数（注：2—3 岁幼儿至少可堆叠七八块积木）。

2. 成人拿出小动物玩偶说："小动物没地方住，好可怜！请你盖一座房子给它住。"（注：2—3 岁幼儿开始能分辨封闭的空间和开放的空间。）成人也可以拿着小车子说："我们给车子盖个停车场吧！"开始时，成人可稍加示范，然后让幼儿自行搭建或探索，但不强求幼儿依据指示做。

3. 在幼儿堆叠了一会儿后，成人针对他们所盖的房子存在的问题（如没有门、屋顶等），挑战并引导幼儿思考房子的结构，比如："你们把房子盖好了，很棒！但是，房子缺少了什么呢？"如果幼儿没有做出回应，那么成人可以指出："房子四面都被围住了，小动物怎么进到房子里面呢？"之后，成人可以与幼儿一起修改房子。

4. 将各式积木和动物玩偶投放到区域中，供幼儿自由探索。

## 活动二　来找狗儿玩

**活动目标**：促进婴幼儿的身体移动、身体平衡等大肌肉能力的发展

**涉及领域**：身体动作、社会情绪

**材料准备**：小狗玩偶、大狗玩偶、学步梯桥

**活动方案**：如下所示

### 0—1岁婴儿活动方案

1. 成人拿着小狗玩偶吸引仰躺在地垫上或趴在地垫上的婴儿的注意，在婴儿的目光追随下把小狗玩偶放在他的身旁。成人发出汪汪声，以激发婴儿翻身、扭动身体去伸手够小狗玩偶（注：对于不会翻身的婴儿，成人可以帮助他双脚交叉、侧躺，使其顺势翻身，但不强求）。

对于会坐但不会爬的婴儿，成人同样可以激发他伸手去够小狗玩偶，以促进他发展爬行能力（注：婴儿动作的发展与激发动作的目标及成人的支持，有很大的关系）。

对于刚开始学步的婴儿，成人必须确定他有坚固的家具可以扶着去够不远处的小狗玩偶。成人可以说："来找小狗玩！"在婴儿蹒跚行走的过程中，成人给予鼓励，并视婴儿的表现提供必要的扶持。

2. 当婴儿拿到小狗玩偶时，成人夸赞他。该活动持续地进行几次，让婴儿有充足的机会练习身体动作技巧。

### 1—2岁幼儿活动方案

1. 对于刚会走路的幼儿，除了在远处放一只体形较大的大狗玩偶（狗爸爸）外，也在途中放一只体形小的小狗玩偶，对幼儿说："小狗走失了，请你把他抱回去，找狗爸爸玩！"鼓励幼儿抱起小狗玩偶，并将其送到远处的狗爸爸那里。必要时，成人给予适当的协助〔注：此活动涉及在行走中必须变换姿势（如蹲下、弯腰）与变换动作（如伸手捡拾、怀抱）并保持身体平衡，即在变换姿势和动作的情况下能保持平衡状态〕。

2. 对于走得很好的幼儿，成人可以创设故事情境并提供有扶手的学步梯桥，引导他抱着小狗玩偶一步步地爬上学步梯桥的平台，即在前往学步梯桥的途中或在学步梯桥的台阶上放置小狗玩偶，让幼儿抱起小狗玩偶，将其送至梯桥平

台上的狗爸爸处。

## 2—3 岁幼儿活动方案

1. 成人视幼儿的能力发展情况，在前往学步梯桥的路上设置障碍步道（见图 4.3），如蛇笼（爬行）、低矮且宽的平衡木（平衡地站立与行走）、长条积木（当成门槛跨越）、有高度的触觉板、呼啦圈（两脚跳入、跳出）等（注：行进中幼儿需要根据不同的障碍物频繁变换姿势和动作，并保持身体平衡）。

**图 4.3 "来找狗儿玩"之障碍步道**

2. 在学步梯桥平台上，放置一只体形较大的大狗玩偶（狗爸爸），在障碍步道上放置一只体形小的小狗玩偶，成人创设故事情境并引导幼儿："小狗走失了，请把他抱到桥上找狗爸爸玩！"鼓励幼儿抱起小狗玩偶到梯桥平台上的大狗玩偶处。

3. 幼儿可能会因太专注于跨越障碍物而忘记把小狗玩偶抱到梯桥的平台上，成人可在梯桥平台上放置一个房屋模型，在一开始以故事情境导入时就引起幼儿的注意，并在幼儿行进的过程中口头提醒他们："记得带小狗回家，狗爸爸在家等着。"（注：房屋模型、狗爸爸与小狗玩偶、口头提示共同形成了架构鹰架，提示了幼儿的行动方向。）

# 活动三　闻乐起舞

**活动目标**：促进婴幼儿的走、踢、跑等大肌肉能力与身体平衡能力的发展

**涉及领域**：身体动作、认知

**材料准备**：音乐

**活动方案**：如下所示

### 0—1岁婴儿活动方案

1. 成人播放音乐，对婴儿说："我们来跳舞！"成人抱着婴儿随着音乐节拍摆动、摇晃身体或走动。

2. 在确认自己能力与稳定度足够的情况下，成人抱着婴儿旋转身体，走出滑步、交叉步等，并随着音乐快乐地哼唱。

3. 将婴儿放在床上或地垫上，成人随着音乐的节奏轻轻舞动婴儿的四肢、翻转其身体、拉起其上半身等，并对婴儿说："我们在跳舞！"

4. 对于能坐立的婴儿，成人鼓励他随着音乐的节奏自由舞动身体，并夸赞他的表现；成人也可以拉着他的双手一起舞动，对他说："我们在跳舞！"

### 1—2岁幼儿活动方案

1. 成人播放音乐并对幼儿说："我们来跳舞！"之后，成人舞动身体，鼓励幼儿也自由舞动身体，或者牵着他的手一起舞动，并夸赞他的表现。

2. 成人示意幼儿跟着音乐节拍走路、踢脚、跑步、向后走、踮脚走等，若幼儿无反应，那么成人可以示范，让幼儿跟着做。成人应视幼儿的发展与表现来调整示范的时间和动作。成人也可以引导幼儿分几次做动作，比如：第1次跟着音乐节拍走路、踢脚；第2次跟着音乐节拍跑步、向后走；第3次跟着音乐节拍踮脚走等。

3. 成人可以根据幼儿的能力发展情况加上手的动作。比如，成人可以问幼儿："除了脚的动作外，手可以怎么做？"如果幼儿没有做出反应，那么成人可以提示幼儿，或向幼儿示范，请其模仿，如叉着腰走、一边走一边拍手、一边

跑一边挥手等。至于示范的时间长短和动作多少，成人需视幼儿的表现而定。

4. 成人再度询问幼儿："还可以用手做什么？"鼓励幼儿思考并配合脚的动作做出手部动作，成人夸赞其表现（注：成人需要从小培养儿童的发散性思维能力）。

### 2—3 岁幼儿活动方案

1. 同"1—2 岁幼儿活动方案"的第 1—3 步。

2. 成人视幼儿的能力发展情况，加入身体其他部位的挑战。比如，成人可以问幼儿"除了手和脚跟着音乐动外，还有哪里可以动？"（如头部、腰部），鼓励幼儿思考并表现。如果幼儿没有反应，那么成人可以稍加提示或示范，请其模仿。

3. 播放儿歌如《鱼儿水中游》《小蜜蜂》《大象》等，询问幼儿："鱼怎么游？""蜜蜂怎么飞？""大象怎么走路？"请他们跟着儿歌节奏做出动作，鼓励他们发挥创意，并夸赞他们的表现，必要时成人可以给予提示或示范。成人可以配合主题课程如"可爱的动物"，一次邀请幼儿参与一首儿歌的律动活动。

4. 成人视幼儿的表现调整"动作要素"，比如，请幼儿跟随儿歌做动作：蜜蜂"高高地"飞到大树上或"低低地"飞到草地上；大象"大力地"向前走或"慢慢地"向后走。成人鼓励与夸赞幼儿，必要时给予提示或示范。

## 活动四　球真好玩

**活动目标**：促进婴幼儿的滚、扔、踢等大肌肉能力的发展

**涉及领域**：身体动作、认知

**材料准备**：各式各样的球、洗衣篮、大纸箱、透明的盒子

**活动方案**：如下所示

### 0—1 岁婴儿活动方案

1. 成人拿出乒乓球、高尔夫球、小皮球、海滩球、网球、触觉球等各式各

样的球，让婴儿尽量触摸每一种球，感受它们的质感和重量。

2. 协助婴儿两两比较，比如，让婴儿一手拿皮球一手拿乒乓球，成人说出轻重、大小或软硬等。

3. 对着趴在垫子上抬起头的婴儿滚球，让他试着触摸滚过来的球。此活动持续几次。

4. 在适度示范后，成人与能够坐着的婴儿一起玩球，如滚接球、扔捡球等，夸赞并鼓励婴儿的表现。

### 1—2岁幼儿活动方案

1. 同"0—1岁婴儿活动方案"的第1—2步。

2. 玩"球要回家和球要出去玩"的游戏，鼓励幼儿将球放入容器中（回家），再拿出来（出去玩）。

3. 两名成人合作玩滚接球或扔捡球的游戏，如果幼儿示意也想玩，那么成人与幼儿一起玩，并计数接到球或捡到球的次数。

4. 成人对幼儿说："球很好玩！除了可以滚、接、扔、捡球外（配合肢体动作），你还想玩什么？还可以怎么玩球？"（注：搭建回溯鹰架与语言鹰架）停顿一下，视幼儿的能力发展情况，成人引导其一起玩"扔球入篮"的游戏（将球扔入洗衣篮）或"踢球入箱"的游戏（准备一个大纸箱并将其开口面对球，便于幼儿将球踢进去），丰富幼儿的经验，并计数扔进球或踢进球的次数。

5. 告诉幼儿："只要动脑筋想一想，我们就可以想出很多好玩法！"将各式各样的球装于透明盒中（便于幼儿看到），连同篮子和纸箱一起投放到区域中，供幼儿自由探索（注：这些材料可促进幼儿思考、表征或探究，发挥了鹰架作用）。

### 2—3岁幼儿活动方案

1. 同"1—2岁幼儿活动方案"的第1—4步，发展他们的滚、踢、扔球技巧，同时计数次数。

2. 成人鼓励幼儿思考还可以怎么玩球，如果幼儿有好点子，那么成人可以夸赞并采纳他的建议。之后，成人依次拿出一组物体，鼓励幼儿思考并试玩。比如：可以使用球拍与小皮球，玩"上下抛接球"的游戏；可以使用开口的纸盒、扇子与乒乓球，玩"击球入盒"的游戏；可以使用木板与小皮球，玩"斜坡赛球"的游戏；可以使用塑料瓶与网球，玩"击倒保龄球"的游戏；可以使用乒乓球与颜料，玩滚球画的游戏。

3. 成人视幼儿的兴趣决定一起玩哪一种游戏。无论玩什么，成人都需要激发幼儿思考或为幼儿搭建鹰架。比如，在"斜坡赛球"游戏中，成人问幼儿"要怎么做，球才能滚得比较远？"，引导幼儿调整斜坡（可指着木板暗示或提示），或者更换不同的球（可指着球暗示或提示）。再比如，在"击倒保龄球"游戏中，成人激发幼儿思考如何做才能击倒更多的塑料瓶，并引导他们调整瓶子里的沙或水的量（可指着瓶子暗示或提示），或者更换球（可指着球暗示或提示）（注：以上游戏都在激发幼儿进行发散性思考，甚至运用观察、比较、推论、验证等解决游戏中的问题）。

亲仁科幼

调整斜坡赛球

4. 将以上材料投放到区域中供幼儿自由探索，这些材料可发挥鹰架的作用，促进幼儿思考、表征或探究。

# 活动五    戳戳插插

**活动目标**：促进婴幼儿的撕、戳、插等手眼协调能力和小肌肉能力的发展

**涉及领域**：身体动作、认知

**材料准备**：自制"戳插乐"教具、软纸与硬纸、冰棒棍、火柴棍、毛根、吸管

**活动方案**：如下所示

### 0—1 岁婴儿活动方案

1. 成人拿出自制的"戳插乐"教具（用美工刀在硬纸箱上划出一道道直线状的洞），邀请可稳坐的婴儿围坐在教具边。

2. 成人示范后，示意婴儿在大洞眼（原纸箱上就有）中插入软纸，如卫生纸、面巾纸、宣纸或皱纹纸等。必要时，成人拉着婴儿的手体验一次。

3. 成人再次向婴儿示范，请他们将冰棒棍插入直线状的洞中。必要时，成人拉着婴儿的手体验一次（注：这些活动涉及手指小肌肉）。

4. 在婴儿戳插的过程中，夸赞他们的表现；允许他们按照自己的方式操作玩教具，如探索卫生纸、冰棒棍，用手触摸洞眼，将2~3根手指一起插入洞眼中等，不强求婴儿一定按照既定的方式游戏。

### 1—2 岁幼儿活动方案

1. 出示"戳插乐"教具与相关的戳插配件。

2. 邀请幼儿撕一张 A4 纸，允许他们用两手拉扯的方式撕纸。如果幼儿无法撕纸，那么成人可以稍加示范或跟着他们一起撕，也可以先帮他们撕开一小口，然后运用肢体语言示意幼儿将撕成小片（大于洞口）的 A4 纸戳入纸箱上的大洞眼中。

3. 运用肢体语言示意幼儿，将冰棒棍插入直线状的洞中。

4. 邀请幼儿挑战将更细小的火柴棍插入直线状的洞中（注：提醒幼儿安全使用火柴棍、冰棒棍）。

5. 允许幼儿用自己的方式进行游戏和探索，如将火柴棍、冰棒棍丢入大洞眼。

6. 将"戳插乐"教具与配件投放到区域中，供幼儿自由探索。

将火柴棍插入直线状洞中

### 2—3 岁幼儿活动方案

1. 同"1—2 岁幼儿活动方案"的第 1 步。

2. 同"1—2 岁幼儿活动方案"的第 2 步，所不同的是随着幼儿年龄的增长，戳入大洞眼中的材料除 A4 纸外，还可增加较硬的牛皮纸、磨砂纸等（注：撕牛皮纸、磨砂纸是第一个挑战，将其戳入洞眼是第二个挑战）。

3. 同"1—2 岁幼儿活动方案"的第 3—4 步，所不同的是给予幼儿更多思考与探究的机会，即插入直线状洞中的材料除冰棒棍、火柴棍外，还可以增加毛根（注：毛根材质较软，幼儿必须思考并运用观察、推论、比较、验证等能力才能握住毛根的顶端插入洞中）、吸管（注：吸管的直径大于洞眼的宽度，幼儿必须将吸管的头部压扁并调整方向才能插入洞中）。

4. 提供五颜六色的冰棒棍，请幼儿按照一定的模式将冰棒棍插到直线状的洞中（注：排列模式是一种逻辑思考能力的表征）。成人可以先示范一两种模式，然后引发幼

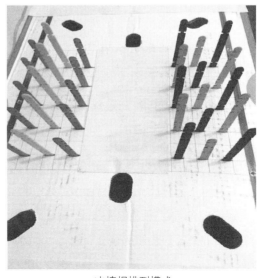

冰棒棍排列模式

儿的积极投入与创意表征，比如，"红、黄、蓝、红、黄、蓝"；成人也可以使用冰棒棍与火柴棍排列一种模式，如"冰棒棍、火柴棍、火柴棍、冰棒棍、火柴棍、火柴棍"。

# 活动六　我是点心师傅

**活动目标**：促进婴幼儿的搓、揉、捏、按压等手眼协调能力和小肌肉能力的发展

**涉及领域**：身体动作、认知

**材料准备**：自制面团或黏土、擀面棍、塑料面刀、压模器

**活动方案**：如下所示

### 0—1岁婴儿活动方案

1. 成人拿出面团，告诉可稳坐的婴儿："今天我们扮演点心师傅，要做点心。"（注：婴儿随时可能会抠一小块面团放入嘴中，成人应随时留意。）

2. 鼓励婴儿自由探索面团（注：婴儿一开始可能只是摸、抠、戳、压面团或将面团放在指尖上观察），成人则视婴儿的表现在旁揉、搓、捏、擀、塑形等，引发婴儿的模仿行为。

3. 成人先给婴儿一块长条面团，示范将它捏成小块的技巧；之后，将捏成小块的面团递给婴儿，示范将它们放在掌心揉搓成小汤圆的技巧。不过，成人应允许婴儿用自己的方式探索，不强求婴儿模仿成人做，此活动的目的在于为婴儿提供经验和刺激，让他们尽情地运用小肌肉。

### 1—2岁幼儿活动方案

1. 成人拿出面团与工具，如擀面棍、塑料面刀、压模器等，告诉幼儿："我们今天扮演点心师傅，要做点心。"先请幼儿自由探索一会儿，如搓揉面团、运用工具（注：1岁多的幼儿可能会抠小块面团放入嘴中）。

2. 成人告诉幼儿要做饼干，并指着压模器说："这是什么，怎么使用呢？"

把面团与压模器交给幼儿，鼓励其尝试，并期待幼儿能运用观察、推论、比较、验证等探究能力。如果有幼儿摸索出了方法，那么夸赞他的表现，以引发其他幼儿的模仿行为。必要时，成人运用肢体语言示范将压模器按在面团上，再抠出来。

3. 成人说："现在我们要做汤圆，汤圆小小圆圆的（出示小汤圆），要怎么做呢？"成人先将面团揉成长条，让幼儿自行探索。必要时，运用肢体语言示意或示范：先用手指头将长条面团捏成一小块一小块的，然后放在两个手掌中将其搓成小汤圆。之后，幼儿捏、搓小汤圆（注：遇到问题时先让幼儿自行探索和思考很重要，面团和压模器等材料发挥了鹰架的作用，可促进幼儿思考、表征或探究）。

### 2—3 岁幼儿活动方案

1. 同"1—2 岁幼儿活动方案"的第 1—3 步，所不同的是，自由探索揉面时鼓励幼儿揉成不同的形状，并在成人的协助下，请其解说或命名所揉出的造型。

2. 成人说："你们还记得刚刚的小汤圆（出示小汤圆）是怎么做的吗？"（注：搭建回溯鹰架）"那么，怎么做大汤圆呢？"（出示大汤圆）先让幼儿思考、试做，必要时引导幼儿将面团捏成大一点的块状，并揉搓成大汤圆。

3. 成人说："今天要擀饺子皮，饺子皮扁扁薄薄的（拿出擀好的饺子皮），要怎么制作呢？"将揉成长条的面团交给幼儿，先让他们试试，如果有幼儿制作出来，那么夸赞他的表现，以引发其他幼儿的模仿行为。

4. 针对饺子皮太厚的问题适时地引入擀面棍，并向幼儿边示范边解说："先用食指、拇指把长条面团捏成一大块一大块的，或用面刀将长条面团切成块状，然后用手掌压扁面块，再用擀面棍将其擀成一片片饺子皮。"之后，让幼儿切、压、擀饺子皮。

5. 鼓励幼儿把大汤圆当馅料，把它包入擀好的饺子皮内。

# 第三节　认知领域发展适宜性活动示例

本节包含六个活动，每个活动涉及三个年龄段并随着婴幼儿年龄的增长而逐渐深入和拓展。由于婴幼儿个体发展差异大，因此，成人需要根据婴幼儿的发展水平与表现参考和使用这些活动，比如，可以从复合性活动中自行选择一个，也可以选择前一个年龄段或后一个年龄段的活动。

## 活动一　宝贝篮

**活动目标**：促进婴幼儿提高感官知觉能力，引导他们认识各种日常用品，激发他们的好奇心与探索欲

**涉及领域**：认知、语言

**材料准备**：各种日常与感官物品、篮子

**活动方案**：如下所示

### 0—1岁婴儿活动方案

1. 准备一个篮子，上面有盖子，侧面可便于婴儿的小手伸进伸出，并在篮子里面装入各种日常与感官物品，不要让婴儿直接看到篮子里的物品，以激发婴儿的探索动机。

篮子里的日常与感官物品可以是：刷子（海绵刷、钢圈刷、牙刷等）；布料（丝巾、棉布、聚酯纤维、绒布等）；发亮的物品或反光物（镜子、光碟、水晶球、锡箔纸等）；操作后有反应的物品（不倒翁、弹簧、铃铛等）；嗅觉瓶（醋、酱油、清水等）（注意：防止外漏）。

2. 婴儿自由探索，成人在旁陪伴、互动。比如，当婴儿拿出不同的布料时，成人将它们两两并排摆放比较，并在旁说出人们对它们的感觉——粗、细、软、硬等（注：接受性语言是表达性语言的基础，在婴儿还不会说话前，成人就要与其对话）。

## 1—2 岁幼儿活动方案

1. 准备各种日常与感官物品并将它们放到篮子里，这些物品发挥了鹰架的作用，可引发幼儿的思考、探索或表征。除了"0—1 岁婴儿活动方案"中提到的物品，成人还可以提供有同一功能但不同质地或样式的物品，如：木汤匙、金属汤匙、陶瓷汤匙、塑料汤匙；齿梳、排梳、木梳、折叠梳；塑料杯、钢杯、陶杯、纸杯、环保杯等。这些物品不仅有助于幼儿认识日常用品，探索其功能，还可以借此知道有些日常用品功能相同但质地或设计不同，为 STEM 教育奠基。

2. 当幼儿探索时，成人在旁给物品（如杯子、刷子、布料、梳子等）命名，并适时地描述它们的特性，如"摸起来粗粗的""摸起来软软的"等。

3. 成人与幼儿互动，以激发他们思考或探究，比如，"这些东西有什么用？它们之间有什么不一样？"，鼓励幼儿运用各种感官去观察、比较和探究。成人可在旁稍加提示，比如："摸起来、看起来、听起来、闻起来一样吗？怎么不一样？"（注：搭建架构鹰架，为幼儿提供了思考和比较的方向。）成人视幼儿的能力与表现，综合运用"对话补说"策略协助他们说出不同，或者请其仿说，或者请其指认，最后成人加以总结。

4. 当幼儿探索操作后有反应的物品时，成人在合适的时机提问："这个东西可以怎么玩？猜猜看，如果这样做，会怎么样？"（注：1 岁后的儿童能采取简单的行动验证心中所想，因此，宜多为他们提供探究的机会。）成人提问后在旁稍加提示，让幼儿探索该物品、以行动验证心中所想、观察物品的反应、比较前后结果等，最后成人统整幼儿的操作与行动结果。

5. 将宝贝篮放到区域中，供幼儿自由探索。

## 2—3 岁幼儿活动方案

1. 同"1—2 岁幼儿活动方案"的第 1—2 步，所不同的是成人可额外提供家用简易机械或工具，如开瓶器、打蛋器、挤柠檬器等。成人问幼儿："这些东西有什么用？你们在哪里看到过它们？"请他们操作试用，并引导他们认识让人类生活方便的工具，为 STEM 教育奠基。

2.同"1—2 岁幼儿活动方案"的第 3 步，所不同的是互动时更强调思考或探究成分。成人可以邀请幼儿观察、比较后说出物品的异同，预测如何玩或使用物品，思考物品为什么会有这样的反应或这种功能。成人也可以提出问题并请幼儿解决，如：想要有什么结果，要怎么做？在这个过程中，成人可视幼儿的表现综合运用"对话补说"策略，协助其表达自己的想法（注：不苛求答案，这些活动旨在引发幼儿的好奇心与持续探究的兴趣）。

## 活动二　好吃的苹果

**活动目标**：引导婴幼儿知道苹果有很多种类，帮助他们认识简单的颜色，并比较苹果的大小

**涉及领域**：认知、语言

**材料准备**：不同颜色、品种和大小的苹果，放大镜，磨泥器，削皮器，果汁机，刀子

**活动方案**：如下所示

### 0—1 岁婴儿活动方案

1.成人出示颜色、品种、大小不同的苹果，一次拿一个，并描述其属性。然后，将苹果两两并排摆放，并说："红色的苹果、绿色的苹果，红色、绿色。""大苹果、小苹果，大、小。"之后，请婴儿用感官感受苹果，如看、摸、闻。

2.成人切开苹果，指着露出来的种子让婴儿看，并说："这是种子，要把它们拿掉，但是种子将来会长成苹果树，结很多好吃的苹果。"（出示苹果树图片并指着上面的苹果描述）

3.成人一边削皮、去掉种子并用磨泥器制作苹果泥，一边描述自己正在做什么。然后，将苹果泥递给婴儿看，在接下来的点心时间喂婴儿吃苹果泥（注：喂食苹果泥时，桌上也摆放苹果，并口头提醒婴儿这是刚刚磨制的苹果泥）。

## 1—2 岁幼儿活动方案

1. 同"0—1 岁婴儿活动方案"的第 1 步，所不同的是，成人先让幼儿思考并运用观察、比较能力。比如，成人问："这些苹果都长得一样吗？哪里不一样？"在幼儿表达后，成人运用"对话补说"（语言鹰架）策略统整描述苹果的属性（颜色、形状、大小）。之后，视幼儿的能力发展情况，请他们指认颜色（先试 1~2 种颜色），比如，"绿色的苹果在哪里？把绿色的苹果给我。"；或者请他们说出苹果的颜色，比如，"这是什么颜色的苹果？"；或者请他们仿说"绿色""绿色的苹果"等。最后，请幼儿辨别苹果的大小，比如："大的苹果在哪里？把大的苹果给我。"

2. 同"0—1 岁婴儿活动方案"的第 2 步，所不同的是，当切开苹果露出种子时，为幼儿提供放大镜并问他们："用放大镜观察前后有什么不同？"幼儿可借此提问运用观察、比较能力。成人也可以协助幼儿通过比较放大镜下的种子与原来的种子有何不同，适时地介绍放大镜的作用。之后，成人请幼儿指认哪个种子看起来比较大、哪个比较小，或者运用肢体语言请幼儿说出大、小。

3. 成人给苹果削皮、去掉苹果里的种子并将苹果切成薄片，然后对幼儿说："这是今天的点心。"成人应强调削皮器与刀子是给人类生活带来方便的工具，为 STEM 教育奠基。在接下来的点心时间，给幼儿食用这些苹果薄片，并提示它们是用刚刚削了皮的苹果制作的。

4. 成人对幼儿说"毛毛虫也喜欢吃苹果"，然后视时间长短与幼儿共读《好饿的毛毛虫》绘本。

5. 将绘本投放到区域中，供幼儿自由阅读。

## 2—3 岁幼儿活动方案

1. 同"1—2 岁幼儿活动方案"的第 1 步。此时，幼儿大多可指认出或说出苹果的颜色，因此将重点放在观察、比较苹果的异同上面，比较角度包括颜色、形状、大小等，请幼儿尽量口头描述，成人酌情运用"对话补说"（语言鹰架）策略协助其完整表达。

当幼儿仅聚焦于某一属性如颜色进行比较时，成人提问："只有颜色不同吗？是否还有不一样的地方？"（语言鹰架）通过问题，成人促进幼儿观察、比较与多角度思考。

2. 引导幼儿用放大镜观察苹果的种子，除鼓励他们比较并说出观察前后的不同外，问幼儿："你看到了什么？它里面有什么秘密，为什么会长出苹果树？"之后，和幼儿共读《小种子》绘本，让幼儿认识到种子的神奇与力量，并将该绘本投放到绘本故事区，供幼儿自由阅读。

3. 榨苹果汁。在清洁了双手后，让幼儿尝试用削皮器给苹果削皮，之后成人将削皮后的苹果切块，将它们放入果汁机里榨成苹果汁。成人适时地介绍放大镜、削皮器、果汁机、刀子等让生活方便的工具，为 STEM 教育奠基。

## 活动三　用纸箱玩过家家游戏

**活动目标**：提高婴幼儿的象征性表达能力、动手制作能力

**涉及领域**：认知、身体动作

**材料准备**：大纸箱数个、小熊玩偶、色纸一叠、大蜡笔、美工刀、胶带、软垫

**活动方案**：如下所示

### 0—1 岁婴儿活动方案

1. 成人将婴儿抱入侧面剪了一个开口的大纸箱，或者浅口无盖的大纸盒，说："我们要开车了！"成人假装用手转动方向盘，并哼唱《公交车上的轮子》（*Wheels on the Bus*）（该儿歌的中文歌词附于本活动末尾）。

2. 成人说"现在开船了"，然后假装把手当作船桨，向左右两侧做划船的动作，并哼唱《划呀，划呀，划小船》（*Row, Row, Row Your Boat*）（该儿歌的中文歌词附于本活动末尾）。

3. 陪着婴儿在纸箱内玩一会儿，成人一边说"开车（划船）"，一边做出转动方向盘（向左右划船）的动作，期望能引发婴儿的模仿，并允许婴儿以自己

的方式探索纸箱。

## 1—2 岁幼儿活动方案

1. 同 "0—1 岁婴儿活动方案" 的第 1—2 步。对于可自行进入纸箱的幼儿，成人鼓励他们进入纸箱游戏。

2. 当幼儿在纸箱内玩时，成人在旁提示，比如："你现在在做什么呢？是在划船吗？是在开车吗？"请幼儿运用肢体动作表演出来，或者请他们仿说"划船""开车"。成人也可以问幼儿开车或划船要去哪里玩，以引发幼儿更多的扮演行为。

3. 成人问幼儿："刚刚我们用纸箱玩了什么（划船、开车游戏）？现在我们玩不一样的，想想看！"（搭建回溯鹰架与语言鹰架）让幼儿思考一会儿，如果幼儿有想法，那么成人可以赞美他的想法并请其表演；如果没有，那么成人可以在旁提示，比如："如果我们要去很远的地方，还可以乘坐什么？"

4. 在成人的引导（如出示火车的图片）与协助下，找来两三个纸箱，用宽胶带将其连接成火车。当幼儿上车时，成人假装是检票员，说"你的火车票（或行李）呢？"，引发幼儿以物代物的行为（注：2 岁前的儿童开始萌发象征性表达能力，进入心理表征阶段。以上提问如同语言鹰架，引发了幼儿的扮演行为，激发了他们的象征性表达能力）。

5. 将纸箱投放到积木区或扮演区，供幼儿游戏和探索，激发幼儿的游戏扮演行为。

## 2—3 岁幼儿活动方案

1. 成人出示纸箱，问幼儿想用纸箱玩什么以及纸箱可以怎么玩。之后，成人搭建回溯鹰架与语言鹰架："以前我们用纸箱玩过什么？现在我们玩不一样的，想想看！"让幼儿思考一会儿，若幼儿想玩开车或划船游戏，而且兴致高涨，那么就让他们玩一会儿。

2. 成人描述故事情境并引导幼儿说："小熊好可怜，天气冷了，没有房子住，怎么办呢？"成人期望能激发幼儿用纸箱做房子的想法。如果幼儿没有做出反应，那么成人可以提出这个建议，并在征得幼儿的同意后请他们动手制作。

3.针对所做的房子存在的问题，如没有门、窗户或屋顶，请幼儿设法解决问题。成人可引导他们思考房子的结构，比如，"你们把房子做好了，真棒！但是，房子没有屋顶，下雨怎么办呢？"，提示幼儿注意房子是由什么组成的，人们从什么地方进到房子里，房子保持通风或从房子里往外看风景时要有什么（注：通过语言的中介作用，为幼儿搭建有关制作方向的架构鹰架）。之后，与幼儿一起修改房子，比如，幼儿决定在哪里开门、窗，成人协助切割、剪裁。修改完成后，一起布置房子，比如，幼儿在房子的外墙粘贴色纸、用大蜡笔绘画，在屋内放上软垫等。

4.在为小熊建造好房子后，幼儿可以轮流与小熊一起进去玩扮演游戏。

5.成人也可以创设其他故事情境，如在隧道里寻宝藏，引导幼儿连接数个箱子，制作可以爬行的长长隧道，还可以增加一些挑战，如弯转的隧道（注：以上活动即为解决问题的STEM活动，培养幼儿的STEM素养是教育趋势）。

6.将小熊的房子、长长的隧道放在积木区或空旷处，让幼儿尽情扮演。

附：儿歌

### 公交车上的轮子（中文歌词）

公交车上的轮子转啊转，转啊转！

公交车上的轮子转啊转，穿过整个城镇！

公交车上的雨刷嗖嗖嗖，穿过整个城镇！

公交车上的门开了又关，穿过整个城镇！

公交车上的一家人忽上忽下，穿过整个城镇！

公交车上的喇叭嘟嘟响，嘟嘟响，穿过整个城镇！

公交车上的引擎嗡嗡响，嗡嗡响，穿过整个城镇！

公交车上的轮子转啊转，转啊转，穿过整个城镇！

### 划呀，划呀，划小船（中文歌词）

划呀，划呀，划小船，缓缓地顺流而下。

多么快乐，多么快乐，人生就像梦一样。

划呀，划呀，划小船，缓缓地顺流而下。

如果你看到小老鼠，不要忘了吱吱叫，吱、吱、吱、吱！

划呀，划呀，划小船，缓缓地顺流而下。

如果你看到鳄鱼，不要忘了尖叫，啊！

划呀，划呀，划小船，缓缓地划向岸边。

如果你看到呆呆龙，不要忘了咆哮，嗷！

划呀，划呀，划小船，缓缓地顺流而下。

如果你看到北极熊，不要忘了颤抖，呵！

划呀，划呀，划小船，缓缓地顺流而下。

多么快乐，多么快乐，人生就像梦一样。

## 活动四　寻花问草

**活动目标**：引导婴幼儿知道花的外形、颜色、大小、味道不同

**涉及领域**：认知、身体动作

**材料准备**：大张纸、放大镜、塑料锤子、白布

**活动方案**：如下所示

#### 0—1 岁婴儿活动方案

1. 成人带着（抱着）婴儿到户外花园，让他们观看、轻触与嗅闻各种香草，并说"好清香的味道""凉凉的味道""很特别的味道"。

2. 让婴儿观看、轻触与嗅闻各种鲜花，并说："有好多种类的花（做计数状），每一种花长得都不一样！有好多颜色的花，有红色的、黄色的（一边指着不同颜色的花一边说）！每种花闻起来的味道也不一样！"

3. 成人说："我们要制作美丽的贴画。"协助能走的婴儿将掉落在地面上的

花、枝、叶捡起来，再协助所有婴儿将花、枝、叶等粘在一大张纸上。

## 1—2岁幼儿活动方案

1. 同"0—1岁婴儿活动方案"的第1—2步，所不同的是，先让幼儿思考与运用观察、比较能力。比如，成人问："这些花都长得一样吗？有什么不一样？"请幼儿表达，成人运用"对话补说"（语言鹰架）策略协助幼儿表达，并描述花的属性（颜色、大小）。之后，视幼儿的能力发展情况，请他们指认各种颜色的花（先指认1~2种颜色），比如，"红色的花在哪里？黄色的花在哪里？"；或者请幼儿说出花的颜色，比如，"这是什么颜色的花？"；或者请幼儿仿说"红色""红色的花"等。之后，引导幼儿区别花的大小，请他们指出大花和小花。

2. 给幼儿提供放大镜，问："用放大镜观察花看起来有什么不同？"幼儿可借此提问观察、比较放大镜下的花与原来的花有何不同，也可以在成人的协助下比较，成人适时地介绍放大镜是让人类生活方便的工具。之后，成人请幼儿指认哪个看起来比较大、哪个比较小，或者成人运用肢体语言请其说出大、小。

3. 允许幼儿运用放大镜探索户外环境中的各种事物，成人也可以提醒幼儿注意各种花的旁边有什么东西。在这个过程中，成人可以拍照，供日后实施相关主题课程（如"可爱的动物""春天来了！"）时搭建回溯鹰架。

4. 成人告诉幼儿要制作美丽的贴画，请幼儿将掉落在地面上的花、枝、叶等捡起来，将其贴在大张纸上。

## 2—3岁幼儿活动方案

1. 同"1—2岁幼儿活动方案"的第1—3步，所不同的是，此时幼儿大多可以指认或说出花的颜色，因此应将重点放在观察、比较各种花的异同，认识花的种类繁多，比较角度包含花瓣数、花形、味道、颜色等。请幼儿尽量用语言描述，成人酌情运用"对话补说"（语言鹰架）策略，协助其完整表达。

如果幼儿只专注于花的某一种属性如颜色进行比较，那么成人提问："只有颜色不同吗？还有什么也不同？"（语言鹰架）通过提问，促进幼儿观察、比较与进行发散性思考。成人可以鼓励幼儿用放大镜仔细观察不同特征的花，并说出不同的观察结果。

当幼儿比较花的不同特征时，成人可以加入计数任务，比如，成人问："红色的花有几朵？黄色的花有几朵？"与幼儿一起计数朵数。

2. 请幼儿捡拾掉落在地面上的花、叶、果实，成人拿出塑料锤子，让幼儿捶打，进行布块染色活动。

3. 将外出赏花的情景录下来，供日后搭建回溯鹰架时使用。

# 活动五　影子变变变

**活动目标：** 引导婴幼儿初步认识影子，激发他们的好奇心与探索欲

**涉及领域：** 认知、身体动作

**材料准备：** 粉笔、手电筒

**活动方案：** 如下所示

### 0—1岁婴儿活动方案

1. 成人抱着婴儿站在阳光下，指着身体的影子对婴儿说："看，影子，黑黑的影子！"然后，移动身体或变换姿势，并再度指着身体的影子说："影子，黑黑的影子！我们一动，影子就跟着动。"

2. 对于会坐或会爬的婴儿，成人设法改变其姿势、移动其身体或舞动其四肢，协助婴儿意识到他的影子跟着身体移动。对于会走的婴儿，成人协助他站在阳光下探索自己的影子。

3. 成人问婴儿："还可以在哪里找到影子？"带着或抱着婴儿四处走动，成人先指出某处如滑梯下有影子，期望能引导婴儿意识到或指出其他物体的影子，如水箱的影子、滑步车的影子，但不强求。

### 1—2岁幼儿活动方案

1. 站在户外阳光下，成人指着自己的影子对幼儿说："影子，黑黑的影

子！"然后，改变姿势或移动身体说："你看，我的影子跟着我移动呢！"

2. 成人问幼儿："你有影子吗？你的影子会移动吗？"让幼儿自由地探索影子，甚至相互追逐和踩对方的影子，以寻求答案。

3. 成人用两只手掌做出蝴蝶飞的样子，并描述它的影子："好像蝴蝶在飞！"（示范鹰架）引导幼儿跟着模仿制造影子，成人则描述他们所制造的影子，如像长耳朵兔子、大象的长鼻子等，或者鼓励幼儿自己说像什么，或者请其仿说。对于未能尝试制造影子的幼儿，成人与他一起合作，以激发他的活动动机。

4. 成人问幼儿："哪里还有影子？"带着他们四处寻找影子。

5. 带领幼儿到树荫下，并问他们："站在树下感觉怎么样？""站在太阳下感觉怎么样？""影子看起来怎么是黑黑的？"以上问题即为语言鹰架，通过引导幼儿对比站在太阳下与站在大树下的感觉，以及对树下影子的观察，逐渐帮助他们建立影子的初步概念并引发他们的进一步探索。在这个过程中，成人可稍加提示，但不强求幼儿回答（注：幼儿对概念的理解基于已有经验，是在不断探究中形成的，并非一蹴而就的）。

### 2—3 岁幼儿活动方案

1. 同"1—2岁幼儿活动方案"，即让幼儿充分探索影子。所不同的是，鼓励幼儿之间合作制造影子。最初，成人需要运用一些策略，如夸赞两名幼儿的表现，请他们一起合作展示给大家看。当其他幼儿看到同伴合作制造影子的效果后，会产生强烈的合作意向。此外，成人还可以邀请两三名幼儿用粉笔描绘固定物的影子轮廓。

2. 回到室内，成人再度提问："站在大树下感觉怎么样？""站在太阳下感觉怎么样？""影子怎么是黑黑的？怎么会有影子？"（回溯鹰架）然后，成人拿出手电筒，问："手电筒直接照物体就有影子吗？""产生影子需要有什么？"给幼儿手电筒，让他们自由探索与制造影子（注：手电筒发挥了材料鹰架的作用，引发了一连串的探索、表征与思考）。

3. 成人为幼儿创设认知冲突情境，如小兔子的影子大、大兔子的影子小，以引发幼儿的好奇心与探究欲。在这个过程中，成人期待幼儿运用观察、推论、比较、验证等能力进行探究（注：影子的形成涉及光源、物体与屏幕间的相对关系，调整同一物体与光源或屏幕间的距离，就会产生大小不同的投影）。

4. 午后，引导幼儿观察早上所绘的影子轮廓，问："影子怎么了？""为什么会这样？""太阳在哪里？"（注：幼儿对概念的理解需要时间，对知识与能力的获得需要基于过去的经验和日积月累，因此让幼儿有兴趣且有机会持续探索很重要。）

## 活动六　彩糊缤纷

**活动目标：**促进婴幼儿提高感官知觉能力，激发他们的好奇心与探索欲

**涉及领域：**认知、身体动作

**材料准备：**三原色彩糊或水性手指膏、大张墙纸、松果、枝叶、海绵、卷纸筒、牙刷、线绳、球、排梳等

**活动方案：**如下所示

### 0—1岁婴儿活动方案

1. 准备三原色彩糊或水性手指膏以及大张墙纸，将婴儿抱到或牵到大张墙纸前。

2. 成人运用肢体语言示意婴儿用手蘸彩糊在纸上印画，并鼓励婴儿自己尝试。如果婴儿没有反应，那么成人可以示范给他们看，引发他们的模仿行为。如果婴儿依然没有反应，那么成人可以抓着婴儿的手蘸上彩糊，在纸上印出图案。成人夸赞婴儿印出的图案，鼓励其再度尝试。

3. 1岁以下婴儿可能会被松果、海绵、球、卷纸筒等材料吸引，将焦点放在探索它们上面。因此，成人可先不提供作画工具或材料，等婴儿用手充分感受过彩糊后，再提供这些材料或工具。

## 1—2岁幼儿活动方案

1. 同"0—1岁婴儿活动方案"的第1—2步，不过重点放在鼓励幼儿自由探索上面。

2. 先让幼儿用手充分感受与探索一会儿，如果幼儿只运用手的某一部位如中间三根手指的前端作画，那么成人可以说："整只手都可以蘸颜料印画，看看你的手还有哪里可以使用？"（语言鹰架）成人甚至可以运用肢体动作，引导幼儿注意自己的手指、拳头、手掌等部位。如果幼儿仍执着于使用某一部位印画，那么成人可以使用其他部位如拳头在旁印画，以引发他的模仿行为（示范鹰架）。必要时成人可以拉起幼儿的手，用不同方式在纸上印画，协助幼儿意识到不同的印画方式。以上做法视幼儿的具体表现而定。

在这个过程中，成人可问幼儿："用整只手掌印画与用个别手指印画有什么不同？"鼓励他们尝试、比较并结合两种技巧创作图案。

3. 成人再次拿出印画材料，如卷纸筒、海绵、球、牙刷、排梳、线绳、松果等，让幼儿初步探索这些材料的印画效果。成人必要时可以给予提示或示范，以激发幼儿创造性地使用材料。

## 2—3岁幼儿活动方案

1. 同"1—2岁幼儿活动方案"，所不同的是，此阶段的重点是幼儿自由探索后产生的不同效果或变化，如三原色彩糊混合后的变化、结合不同身体部位印画的效果、采用不同方式使用工具的效果等。

在这个过程中，成人视幼儿的表现搭建适宜的鹰架。比如："卷纸筒只能这样使用吗？还可以怎么使用也能印出很棒的图案？"（语言鹰架）再比如："不知道两种材料如排梳和牙刷结合在一起的效果怎么样？"（提示行动方向的架构鹰架）有时成人可以稍加示范（示范鹰架），如用拳头围着中心印出花朵图案，激发幼儿创造不同的效果。

2. 有时，成人需要安排一个能大胆表征的幼儿到某一小组，发挥同伴鹰架的作用。比如，用脚印画的某个幼儿，可以引发其他幼儿的模仿行为。

## 第四节　语言领域发展适宜性活动示例

婴幼儿的语言能力大多可在生活情境中通过自然地对话、歌唱等得到培养，成人也可设计专门的活动来强化它们。本节包含六个活动，每个活动涉及三个年龄段并随着婴幼儿年龄的增长而逐渐深入和拓展。由于婴幼儿个体发展差异大，因此，成人需要根据婴幼儿的发展水平与表现参考和使用这些活动，比如，可以从复合性活动中自行选择一个，也可以选择前一个年龄段或后一个年龄段的活动。

## 活动一　合拢张开

**活动目标**：促进婴幼儿提高语言理解与口头表达能力，引导他们认识身体部位

**涉及领域**：语言、认知、身体动作

**材料准备**：手指谣《合拢张开》

**活动方案**：如下所示

### 0—1岁婴儿活动方案

1. 成人唱《合拢张开》手指谣，并配合着歌词用手指在自己的身体上做出相应的动作，以吸引婴儿的注意。比如：唱"合拢"时，就将两只手掌合拢；唱"张开"时，就将两只手掌张开；唱"小手拍一拍"时，就拍拍手；唱"爬呀，爬呀，爬呀，爬呀，爬到小脸上"时，就将一只手的两根手指放在另一只手的手臂上，交叉着向上移动到脸部，或者双手各两根手指从自己的肚子开始，经过胸部，交叉着向上移到脸部；唱"这是眼睛，这是嘴巴，这是小鼻子，阿嚏"时，用手指依次指着说到的部位，最后张开嘴巴做打喷嚏状，并用两手掩着口鼻。

2. 成人再唱《合拢张开》手指谣，不过此次是配合着歌词，用手指着婴儿身体上的部位做相应的动作，增进互动的乐趣。

3. 在欢乐互动中，重复指着婴儿的脸部各部位并说出其名称（建议一次仅针对1~2个部位），鼓励他们仿说但不强求。然后，成人问："眼睛在哪里？""在这里吗？这是眼睛吗？"允许能够沟通的婴儿以点头、摇头、指认或其他方式回答，但不强求。

4. 这个活动可在日常生活中多开展几次，或者经常播放这首手指谣（注：运用儿歌或童谣既可增加婴儿的词汇量，又可创造共同关注的时刻，促进婴儿的语言发展）。

### 1—2岁幼儿活动方案

1. 同"0—1岁婴儿活动方案"的第2步。

2. 成人再次唱《合拢张开》手指谣，请幼儿尽量跟着成人哼唱，并配合歌词模仿成人在自己的身体上做出相应的动作，但不要求正确。成人视幼儿的能力发展情况，必要时分段教唱并做出相应的动作。

3. 成人问幼儿身体的各个部位在哪里，比如："眼睛在哪里？"视幼儿的能力发展情况，成人请幼儿指认该部位，或说出该部位的名称，或者仿说"眼睛"，以确认幼儿知道该部位。

4. 成人与幼儿进行游戏互动，先说出简单的动作指令，如摸摸脸、张开嘴巴等，然后鼓励幼儿按照指令做出相应的动作。成人在说出指令后也可以先示范动作，再让幼儿仿做。具体采用哪种方式，视幼儿的能力调整。

5. 视幼儿的能力发展情况，成人可以做出动作，如摸摸脸、指指鼻子、张开嘴巴等，然后问幼儿成人在做什么或者请幼儿仿说（注：1—2岁幼儿的语言发展由单字句进入双字句、多字句阶段，因此，要为他们提供丰富的语言环境，使他们经由对话体验语言的沟通功能并练习说话）。

### 2—3岁幼儿活动方案

1. 成人唱《合拢张开》手指谣，配合着歌词用手在自己的身上做出相应的动作，邀请幼儿跟着哼唱并做出动作。然后，鼓励幼儿尽量独自哼唱，并做出相应的动作，必要时予以协助。

2. 同"1—2 岁幼儿活动方案"的第 4—5 步。

3. 在幼儿熟悉了《合拢张开》手指谣后，成人请幼儿改编歌词，将没唱到的部位代入手指谣。成人可以说："刚刚唱到哪些部位？脸上还有哪些部位没唱到？"（回溯鹰架与语言鹰架）如果幼儿想到还有眉毛、耳朵没有唱到，那么成人可协助他们将这些部位代入原歌词。如果幼儿没有反应，那么成人可以给予提示或示范，比如，将"这是眼睛，这是嘴巴，这是小鼻子，阿嚏！"改编成"这是眉毛，这是耳朵，这是小嘴巴，嘘嘘（将食指竖放在嘴唇中央，表示噤声）！"。接着，请幼儿跟着哼唱与做动作。

4. 成人再次问幼儿："还有哪些身体部位没有唱到？"请幼儿思考并试着改编歌词。如果幼儿没有反应，那么成人可以用手指着脸部以外的部位如头部给予提示，协助他们代入原歌词。必要时，成人可以做出示范，比如："这是头，这是肩膀，这是小肚子，叭叭（按压肚子）！"（注：从小培养儿童的发散性思维能力或创造性思维能力非常重要。）

附：手指谣

合 拢 张 开

合拢张开、合拢张开，小手拍一拍！

合拢张开、合拢张开，小手拍一拍！

爬呀，爬呀，爬呀，爬呀，爬到小脸上。

这是眼睛，这是嘴巴，这是小鼻子，阿嚏！

# 活动二 用身体部位玩游戏

**活动目标**：促进婴幼儿提高语言理解与口头表达能力，引导他们认识身体部位

**涉及领域**：语言、认知

**材料准备：**《拇指歌》

**活动方案：** 如下所示

### 0—1岁婴儿活动方案

1.当婴儿躺在地垫上或趴在地垫上仰着头时，成人运用《拇指歌》（*Where is Thumbkin?*）的曲调（中文歌词附于本活动末尾），将歌词改编后唱"手在哪里？手在哪里？在这里！在这里！"，并舞动婴儿的双手。

2.采用《拇指歌》的曲调继续唱"拍拍你的手！拍拍你的手！"，并将婴儿的双手互拍。之后，成人接着唱"谢谢你！谢谢你！"，并双手合十表示谢意。

3.成人采用《拇指歌》的曲调继续代入其他身体部位，如"脚在哪里？脚在哪里？在这里！在这里！踢踢你的脚！踢踢你的脚！谢谢你！谢谢你！"，舞动婴儿的身体做出相应动作。

4.在欢乐的互动中，成人重复指着婴儿身体的各部位并说出其名称，如手、头、脚，鼓励他们仿说但不强求。然后，成人问："脚在哪里？""在这里吗？这是脚吗？"允许能够沟通的婴儿以点头、摇头、指认或其他方式回答，但不强求。

5.这个活动可在日常生活中多开展几次，或经常播放这首歌谣。

### 1—2岁幼儿活动方案

1.同"0—1岁婴儿活动方案"的第1—3步，之后成人继续采用《拇指歌》的曲调问身体各部位在哪里，如"头在哪里？头在哪里？"，以确认幼儿知道一些部位。视幼儿的能力发展情况，请他们指认该部位，或者说出该部位的名称，或者仿说。

2.成人唱"手在哪里？手在哪里？"，示意幼儿回答或仿说："在这里！在这里！"当幼儿运用肢体语言（如动动手、看着手等）代替口头回答时，成人可以帮忙唱"在这里！在这里！"，并请他们仿说。

3.采用《拇指歌》的曲调唱："拍拍你的手！"视幼儿的表现调整互动方式，比如，让能够做到的幼儿按照歌词要求做出拍手动作，或者成人示范后，幼儿再仿做。

4.成人完整地唱儿歌，幼儿根据自身的能力做出回应，比如，成人唱："脚在哪里？脚在哪里？"幼儿回答或仿说："在这里！在这里！"成人唱："踢踢你的脚！踢踢你的脚！"幼儿踢脚或仿做。最后，成人唱："谢谢你！谢谢你！"幼儿双手合十表示谢意。

5.视幼儿的能力发展情况，改为成人做动作，如拍拍手、点点头、踢踢脚等，问幼儿成人在做什么，或者请幼儿仿说。

### 2—3 岁幼儿活动方案

1.快速复习"1—2岁幼儿活动方案"的各步骤，确认幼儿可以回答"在这里！在这里！"并按照歌词要求做出相应的动作，或说出成人的动作如"拍拍手""踢踢脚"等。

2.要求幼儿改编歌词，将没唱到的身体部位代入儿歌。比如，成人说："刚刚唱到哪些部位？还有哪些身体部位没有唱到？"（回溯鹰架与语言鹰架）请幼儿思考后说出，成人可稍加提示。然后，协助幼儿将所说的身体部位如肩膀、肚子代入歌词唱出，如："肚子在哪里？肚子在哪里？在这里！在这里！摸摸你的肚子，摸摸你的肚子，谢谢你！谢谢你！"如果幼儿没有反应，那么成人可以给予提示或示范，然后让幼儿按照歌词要求做动作，或者说出成人的动作。

3.在幼儿熟悉了整个曲调后，问幼儿："手，除了拍之外，还可以用来做什么？""脚，除了踢之外，还可以用来做什么？"请幼儿思考，成人可在旁稍加提示，或先提出一个想法如挥挥手，激发幼儿的其他想法。最后，成人统整幼儿的想法，如握握手、踏踏脚、摇摇头等（注：从小培养儿童的发散性思维能力或创造性思维能力相当重要）。

4.成人采用《拇指歌》的曲调依次唱"挥挥你的手！""摇摇你的头！""按按你的肚子！"等，幼儿则回应"在这里！在这里！"并做出相应的动作。每曲最后成人回应道："谢谢你！谢谢你！"然后，双手合十表示谢意。

5.成人与幼儿完整地对唱一次。经常播放此歌谣，让幼儿熟悉曲调。

附：儿歌

**拇指歌（中文歌词）**

大拇指在哪里？大拇指在哪里？在这里！在这里！

你今天好吗？我今天很好！谢谢你！谢谢你！

食指在哪里？食指在哪里？在这里！在这里！

你今天好吗？我今天很好！谢谢你！谢谢你！

中指在哪里？中指在哪里？在这里！在这里！

你今天好吗？我今天很好！谢谢你！谢谢你！

无名指在哪里？无名指在哪里？在这里！在这里！

你今天好吗？我今天很好！谢谢你！谢谢你！

小指在哪里？小指在哪里？在这里！在这里！

你今天好吗？我今天很好！谢谢你！谢谢你！

手在哪里？手在哪里？在这里！在这里！

拍拍你的手！拍拍你的手！谢谢你！谢谢你！

# 活动三　情境式说话

**活动目标：**促进婴幼儿提高语言理解与口头表达能力，引导他们知道家庭成员的称谓

**涉及领域：**语言、认知

**材料准备：**家庭成员玩偶、中大型玩具车子、地点图卡数张

**活动方案：**如下所示

### 0—1岁婴儿活动方案

1. 出示家庭成员玩偶、玩具车子以及生活中常见地点的图卡，成人先一一指着家庭成员玩偶说出家庭成员的称谓，如爸爸、妈妈、姐姐、弟弟，再说出玩具车子与各个地点的名称。之后，允许婴儿探索这些材料。

2. 成人一边操作这些材料（如把妈妈玩偶放到玩具车子上，将车子向超市

图卡靠近），一边慢慢地讲述故事，比如："妈妈开车去超市买菜，买完菜再开车到幼儿园接姐姐回家，然后爸爸也回家了，全家人很开心！"（注：操作小玩偶、玩具车子等材料创设了具体情境，帮助婴儿理解与思考成人讲述的故事。）

家庭成员玩偶与玩具车子

3. 成人拿着家庭成员玩偶、玩具车子请婴儿确认，比如："这是爸爸吗？""这是车子吗？"允许能够沟通的婴儿以点头、摇头、指认或其他方式做出回答，但不强求。然后，让婴儿探索与操作这些材料。

### 1—2 岁幼儿活动方案

1. 同 "0—1 岁婴儿活动方案" 的第 1—2 步，即出示相关材料，一边操作一边讲述故事。

2. 视幼儿的能力发展情况，问幼儿："哪一个玩偶是爸爸？哪一张图卡显示的是超市？"请幼儿指认。成人也可以指着某个玩偶或某张图卡问："这是什么？"请幼儿说出名称。成人还可以请幼儿仿说名称，确认幼儿知道人物、地点。

3. 成人再次操作与示范，比如：将爸爸玩偶放在玩具车子上说 "爸爸开车"，并请幼儿仿说；将妈妈玩偶朝向公园图卡前进，说 "妈妈去公园" 并请幼儿仿说（注：玩偶、车子、图卡既发挥了材料鹰架的作用，也犹如架构鹰架给幼儿提供了说话的框架，激发了他们的语言表达兴趣）。然后，成人再次操作材料，问幼儿玩偶在做什么，鼓励他们试着说出句子或者仿说句子。

4. 视幼儿的能力发展情况，引导幼儿一边操作材料一边讲述（说出句子）；也可以是幼儿操作材料，成人在旁讲述；还可以是幼儿跟着成人仿说，成人夸赞幼儿的表现（注：1—2岁幼儿在语言发展上进入双字句期、多字句期，因此应多跟他们说话并给予他们练习说话的机会）。

5. 将家庭成员玩偶、地点图卡与玩具车子投放到区域中，供幼儿自由探索。

### 2—3岁幼儿活动方案

1. 准备更多的家庭成员玩偶、交通工具、地点图卡，实施"1—2岁幼儿活动方案"的第1—4步。所不同的是，在成人的协助下，请幼儿说得更详细一些，比如，将"爸爸开车"延伸成"爸爸开车去爷爷家"，将"妈妈开车"延伸成"妈妈开车去超市"等（注：2—3岁幼儿进入了造句期、复句期，应在生活中多给予他们练习说话的机会）。

2. 根据幼儿的表现将句子再次延伸，比如，将"妈妈开车去超市"延伸成"妈妈开车去超市买菜"。

3. 夸赞幼儿的表现，以增强他们的自信心。视幼儿的表现，成人加入两三组动作，比如，将玩偶放入车内开向超市，再从超市开车到公园，并请幼儿试着讲述。

4. 将家庭成员玩偶、地点图卡与玩具车子投放到区域中，供幼儿自由探索。

## 活动四　动物与叫声

**活动目标**：促进婴幼儿提高语言理解与口头表达能力，帮助他们认识到动物的种类繁多

**涉及领域**：语言、认知

**材料准备**：绘本《好忙的蜘蛛》

**活动方案**：如下所示

## 0—1岁婴儿活动方案

1. 与婴儿共读《好忙的蜘蛛》绘本。

2. 成人每翻到一种动物的图片，就说出它的名称与特征，比如："这是狗，它有长长的舌头。"然后，发出狗叫声"汪……汪……汪"，并邀请婴儿一起模仿狗叫声，但不勉强婴儿。之后，成人朗读小狗说的话："要不要去追小猫玩呀？"（声音中包含"喵……喵……喵"）然后，与婴儿一起触摸书上微微凸出的蜘蛛网。

3. 共读完毕，成人逐页打开绘本并问某种动物在哪里，比如："狗在哪里？""这是狗吗？"允许能够沟通的婴儿以点头、摇头、指认或其他方式回答，但不强求。

4. 本活动最好配合"可爱的动物"主题课程开展。

## 1—2岁幼儿活动方案

1. 同"0—1岁婴儿活动方案"的第1—2步，即成人与幼儿一起共读《好忙的蜘蛛》绘本。

2. 共读完毕，成人逐页打开绘本并问某种动物在哪里。成人视幼儿的能力发展情况，请他们指认、说出或仿说动物的名称。

3. 再次与幼儿共读绘本，每翻到一种动物就问幼儿这是什么动物以及该动物怎么叫，成人可帮助他们表达。在幼儿模仿出该动物的叫声后，成人根据该叫声念着小动物说的话［注：整个绘本内文具有重复性结构，如同架构鹰架引导着成人与幼儿的互动方式，比如，某动物叫声（幼儿叫）→某动物说的话（成人念）→蜘蛛没回答，她正忙着织网呢（成人与幼儿一起念）］。

4. 成人念道："蜘蛛没回答，她正忙着织网呢。"邀请幼儿尽量一起跟着念，但不要求完全正确，并且一起触摸书上微微凸出的网（注：本句是书上的重复语句，有助于幼儿从每次的念读中习得它，发挥了材料鹰架的作用）。

5. 本活动最好配合"可爱的动物"主题课程开展，可将绘本投放到区域中，供幼儿自由阅读。

### 2—3岁幼儿活动方案

1. 带领幼儿复习《好忙的蜘蛛》绘本。

2. 成人与幼儿合作共读该绘本，完整地把它读完。有时可以一唱一和，如幼儿读"汪……汪……汪"，成人读"狗儿大声地叫'要不要去追小猫玩呀？'"。有时成人可以和幼儿共读，如"蜘蛛没回答，她正忙着织网呢"。

3. 成人问幼儿书上一共出现了几种动物，并一起计数（别忘了主角蜘蛛、正在飞的苍蝇与最后出现的猫头鹰）。

4. 成人问幼儿各种动物有什么不同，先引导他们思考，再以"对话补说"策略帮助他们表达。比如，成人可以问："鸭、马、苍蝇怎么移动身体？""它们各有几只脚？""它们各在哪里活动？"鼓励幼儿运用肢体语言模仿鸭、马、苍蝇走路的样子，并和幼儿一起计数每种动物的脚数，让幼儿认识到动物的种类繁多，引发他们对不同种类动物的兴趣。

5. 本活动最好配合"可爱的动物"主题课程开展，可将绘本投放到区域中，供幼儿自由阅读。

## 活动五　小小地种小花

**活动目标**：促进婴幼儿提高语言理解与口头表达能力，引导他们分辨大和小

**涉及领域**：语言、认知、身体动作

**材料准备**：不同尺寸的塑料花、《小小地，种小花》手指谣

**活动方案**：如下所示

### 0—1岁婴儿活动方案

1. 成人出示不同尺寸的塑料花，指着说"大花""小花"。

2. 配合手指谣《小小地，种小花》的词句（可先略过"中中地，种中花"那一段），运用手势动作向婴儿演示大和小。成人先指了指小花，然后一边念手指谣一边做动作："小小地（左右手的食指各自比画小正方形的两边轮廓），种

小花（手指比画小朵花形状），洒洒水（手指往外甩做洒水状），开小花（手指比画小朵花开花形状），长高了（两手掌由低向高比画做长高状），啵（手指做花瓣绽放状）！"之后，成人指了指大花，一边念手指谣一边做动作："大大地（左右手的食指各自比画大正方形的两边轮廓），种大花（手指比画大朵花形状）……"

3. 成人一边念手指谣一边拉着婴儿的手与手指比画，增加了互动乐趣，强化了动作与声音的大小。在欢乐互动中，成人重复指着大花和小花说"大花""小花""花"。鼓励婴儿仿说，但不强求。然后，成人问："花在哪里？""在这里吗？这是花吗？"允许能够沟通的婴儿以点头、摇头、指认或其他方式回答，但不强求。

4. 将此手指谣录音并经常播放。

### 1—2 岁幼儿活动方案

1. 同"0—1 岁婴儿活动方案"的第 1—3 步，即成人先行演示，再拉起幼儿的手与手指演示，激发他们跟唱学做的兴趣。

2. 成人依次指着小花和大花，再次念手指谣，请幼儿尽量跟着念与做动作，不过不要求他们念得或做得正确。必要时，成人一句句教幼儿念手指谣与演示动作，比如，"小小地（左右手的食指各自比画小正方形的两边轮廓），种小花（手指比画小朵花形状）……"。在这个过程中，强调动作和声音有大小的变化。

3. 指着大花和小花请幼儿指认，比如："哪一朵大？把大的花拿给我！"成人也可以运用肢体语言请幼儿仿说"大花""小花"。

4. 与幼儿玩指令游戏，比如，成人说"大大地"，幼儿比画出大的正方形，成人说"小小地"，幼儿比画出小的正方形。成人也可以比画整套动作，幼儿念出手指谣内容，但不要求念得完全正确。

5. 视幼儿的能力加入"中中地，种中花"那一段，呈现完整的手指谣。

6. 将手指谣录音并经常播放。

### 2—3岁幼儿活动方案

1. 成人拿出大、中、小塑料花，确认幼儿能分辨大、中、小。

2. 成人演示完整的手指谣《小小地，种小花》，邀请幼儿跟着念与做出动作。然后，请幼儿尽量独自念手指谣与做出动作，必要时予以协助。

3. 在成人的适度示范下，幼儿的声音、动作配合着手指谣的内容而变化。比如：唱"小小地，种小花"时，声音和动作很小；唱"大大地，种大花"时，声音和动作很大。整段手指谣发挥了材料的鹰架作用，促使幼儿意识到并分辨大、中、小（注：三四岁以上的幼儿可慢慢逆向思考。比如：唱"小小地"时很大声，动作幅度也很大；唱"大大地"时很小声，动作幅度也很小）。

4. 成人比画整套动作，幼儿念手指谣，以确认幼儿已熟悉此手指谣。

5. 将手指谣录音并经常播放。

附：手指谣

#### 小小地，种小花

小小地，种小花，洒洒水，开小花，长高了，啵!

中中地，种中花，洒洒水，开中花，长高了，啵!

大大地，种大花，洒洒水，开大花，长高了，啵!

## 活动六　找一找东西

**活动目标**：促进婴幼儿提高语言理解与口头表达能力，引导他们认识常见的物品

**涉及领域**：语言、认知

**材料准备**：常用的生活用品与婴幼儿喜爱的玩具及其照片

**活动方案**：如下所示

## 0—1 岁婴儿活动方案

1. 成人坐在婴儿面前，一一出示常用的生活用品与婴儿喜爱的 3~4 样玩具，如梳子、帽子、皮球、玩具车等，念出名称并请婴儿仿说，但不强求。

2. 允许婴儿探索这些物品，然后仅留一件物品，将其余物品收到箱子里。

3. 视婴儿的能力将该物品用衣服盖住，或盖住一部分，问婴儿："车子在哪里？车子呢？"请他找出来（注：近 1 岁的婴儿初步发展了物体永恒概念，会出现寻找行为）。

## 1—2 岁幼儿活动方案

1. 出示常用的生活用品与幼儿喜爱的玩具的照片，说出每样物品的名称，确认幼儿认得这些物品。

2. 成人事先把这些物品放在环境中的显眼处，对幼儿说："最近我整理房间，忘了把这些东西放在哪里了，请你帮忙找出来。"陪同幼儿寻找。

3. 当幼儿找到物品时，夸赞他，并视幼儿的表现与其互动，比如问："你找到的是什么？"请幼儿说出名称或者请他仿说物品名称。

4. 请幼儿把找到的东西放到纸箱里面，再拿到纸箱外面并一起计数。

5. 将物品与照片投放到区域中，以供幼儿配对、指认与说出名称。

## 2—3 岁幼儿活动方案

1. 同"1—2 岁幼儿活动方案"的第 1 步，所不同的是，可增加环境中重要物品的照片，如电视机、餐桌、门的照片等。

2. 成人说："最近我整理房间，忘了把这些东西放在哪里了。"请幼儿帮忙找出，并说出找到的物品名称或者仿说。

3. 邀请幼儿将房间里他们熟悉的物品拿给成人，可加上方位词，比如："请你把餐桌下面的球拿给我。""请你把电视机旁边的镜子拿给我。""请你到房间里面把红色衣服拿给我。"

4. 成人假装是机器人，请幼儿指示机器人去找东西，比如："请你去沙发上面拿书！""请你到门后面拿积木！"刚开始不要求幼儿说出上、下、里、外、前、后等方位词，仅要求他们使用"请你"的礼貌用语，然后逐渐要求他们说出方位词。

第五章

# 婴幼儿主题课程示例

　　本章呈现了两个以主题来整合婴幼儿各领域活动的教保课程——"可爱的动物"与"好吃的水果",以呼应"儿童跨学科领域进行整合式学习"的观点(NAEYC,2020)。本章包括两张主题课程网络图,以及两个主题下的发展适宜性活动。主题课程网络图的绘制遵守"先概念再活动"的原则,让所设计的活动可以促进婴幼儿对主题概念的认识、理解或探究。这些活动大致均衡地涵盖四个领域——社会情绪、身体动作、认知和语言,也涉及与认知领域有关的运用创造力的艺术创作活动,如泥塑、蜡笔画、撕贴画等,基本上反映了"均衡适宜的课程"这一发展适宜性教育的核心实践。比如,在"可爱的动物"主题中,绘本共读活动以及学习手指谣、儿歌等是语言领域的活动,针对身体移动而设计的身体动作游戏、儿歌律动等是身体动作领域的活动,"制作感谢卡""照护动物我最会""每日轮流喂食""帮宠物小狗盖新房"等是与社会情绪领域有关的活动,其余的活动如"观察我们的动物""家庭宠物与农场动物""动物家族擂台秀""动物对对碰""动物拼图""动物找甜蜜的家"等是认知领域的活动。以上每个活动基本上都涉及0—1岁、1—2岁与2—3岁三个年龄段。

　　主题课程均衡地整合各发展领域的活动,不仅符合婴幼儿的年龄发展特点,也满足了婴幼儿的个体发展需求,因此应尽量以小组和区域活动为主,必要时才进行全班集体活动。此外,主题课程还能关注婴幼儿的家庭文化,所以它具有年龄、个体与文化适宜性。重要的是，主题课程下的这些活动大多具有游戏性和探索性，强调让婴幼儿在游戏中探索、在探索中游戏，反映了"游戏和探索即课程"这一发展适宜性教育的核心实践。除了小组和区域活动外，托育人员还要善于抓住生活中蕴含的学习机会，将主题课程与生活相结合，以反映"保育作息即课程"这一发展适宜性教育的另一核心实践。比如，在"可爱的动物"主题中，排好时间让婴幼儿轮流给自己饲养的金鱼、小鸟或兔子喂食；在日常生活中引导婴幼儿注意动物也要吃饭和休息，以引发他们对动物的食物、居住环境的探究。再比如，在"好吃的水果"主题中，邀请婴幼儿当小帮手，与成人一起制作餐点时间所食用的混合水果沙拉，并帮助成人做相关的准备工作。

基本上每一个主题包含40多个活动，可开展两个月之久。托育人员每天都应开展均衡适宜的主题活动，以主题来统整婴幼儿的学习，让婴幼儿的学习是整合的、有意义的。很重要的一点是，我们不仅要关注婴幼儿现阶段的发展，也要激发他们的潜能，因此设计挑战性活动并鹰架婴幼儿的学习是必要的。因篇幅有限，本章的主题课程示例不再标注鹰架的种类。当托育人员发现婴幼儿在某一方面或某一领域的发展水平落后时，必须设法增强婴幼儿的能力。对此，建议托育人员参照本书第二章的各领域发展概况与教保原则以及第四章的婴幼儿各领域活动示例。

## 第一节　婴幼儿主题课程示例Ⅰ：可爱的动物

"可爱的动物"主题涉及四个概念："种类与特征""居住环境与习性""身体移动"和"食物与照护"（见图5.1）。在该主题的课程网络图中，这些概念均以长方形框呈现，而长方形框的下一层就是以椭圆形框呈现的各领域活动，这些活动是为婴幼儿认识、理解或探究上一层概念而设计的。比如，"动物家族擂台秀"是认识动物的"种类与特征"的认知活动，"身体动作游戏：动物动次！

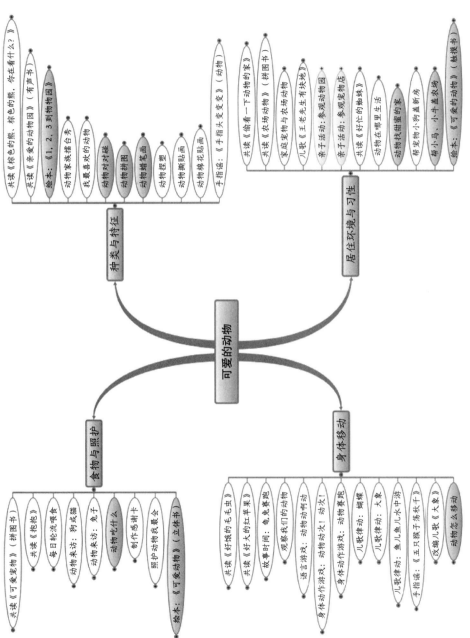

图 5.1 "可爱的动物"主题课程网络图

动次！"是针对动物的"身体移动"而进行的表征活动。因为每个活动都涉及三个年龄段，考虑到主题内涵的分量与篇幅，所以每个活动的方案都相对简短，读者可视婴幼儿的能力自行斟酌调整，以满足婴幼儿的个体发展差异。在主题课程网络图中，铺有底色的椭圆形框中呈现的活动是在区域中进行的相关活动，比如，"种类与特征"概念下的"动物对对碰""动物拼图"等，"食物与照护"概念下的"动物吃什么""绘本：《可爱的动物》（立体书）"等。以上这些是与主题直接相关的活动，而原本区域中的常备玩具与活动仍然可供婴幼儿探索，如第三章第三节所示。接下来，我们将依次介绍为"可爱的动物"这一主题中的各个概念而设计的活动。

## 一、种类与特征

在"可爱的动物"这一主题中，"种类与特征"概念主要涉及小组游戏和探索活动以及区域游戏和探索活动。

### （一）小组游戏和探索活动

#### 共读《棕色的熊、棕色的熊，你在看什么？》

**内容概述**

该绘本通过简单重复的语句介绍了八种动物，每种动物都有一种颜色。比如，书上左右页合现一只大熊，左页文字为"棕色的熊、棕色的熊，你在看什么？"，右页文字为"我看见一只红色的鸟在看我"。翻页后左右页合现一只红色的大鸟，其中左页文字为"红色的鸟、红色的鸟，你在看什么？"，右页文字为"我看见一只黄色的鸭子在看我"……这是一本故事情节可预测的书，不仅能够帮助婴幼儿认识动物及其颜色，而且有利于婴幼儿练习口语，为"可爱的动物"主题拉开了序幕。共读完后，托育人员可将该绘本投放到绘本故事区，供婴幼儿自由阅读。

**实施要点**

在与0—1岁婴儿共读时，托育人员读绘本并辅以丰富的肢体语言，帮助婴儿理解绘本内容。托育人员可以试着邀请婴儿仿说"熊"或者任何一种他们感兴趣的动物，但不强求。托育人员也可以问婴儿熊或棕色的熊在哪里，请他们指认。在与1—2岁幼儿共读时，托育人员可以邀请他们跟着一起读重复性语句，但不要求他们读得完全正确，或者邀请他们仿说"红色""金色""鸟""鱼"等，并运用肢体语言引导他们注意下页文字与上页的关系。在与2—3岁幼儿共读时，托育人员应尽量鼓励他们预测下一页的句子，并独自读这些重复性句子。

## 共读《亲爱的动物园》（有声书）

### 内容概述

《亲爱的动物园》既是一本按压时会发出动物叫声的有声书，也是一本带小翻页的翻翻书。故事讲述了一个小朋友给动物园写信想要一只宠物，没想到动物园寄来了大象、长颈鹿、狮子、蛇等，它们不是太大、太高、太凶猛就是太可怕，最后终于寄来一只小狗，这只小狗被留了下来。故事文字简单、句子重复，比如，左页为"所以他们又寄来一只……"，右页为"它太 × 了！我把它退了回去"。该绘本既可以帮助婴幼儿认识动物，尤其是激发他们对动物的好奇心，又有益于他们练习口语。共读完后，托育人员可将该绘本投放到绘本故事区，供婴幼儿自由阅读。

### 实施要点

在与0—1岁婴儿共读时，成人朗读绘本内容，让婴儿按压绘本发出动物的叫声，增加阅读的乐趣，并辅以丰富的肢体语言帮助婴儿理解绘本的内容。在与1—2岁幼儿共读时，成人可以鼓励他们跟着朗读重复性语句，但不要求他们读得完全正确，也可以鼓励他们仿说"太大""太高""太凶猛"等词语。在与2—3岁幼儿共读时，成人应尽量鼓励他们独自朗读这些重复性句子，也可试着问他们某种动物为什么被寄回，引导他们说出"太大""太高""太凶猛"等词语，甚至讨论都有哪些宠物。

## 动物家族擂台秀

### 内容概述

本活动的目的在于引导婴幼儿认识到动物的种类繁多。托育人员拿出大张常见动物的图卡，辅以动物玩偶问婴幼儿："马说它的家族长得比较漂亮，鱼说它的家族长得比较漂亮，鸟说它的家族长得比较漂亮，蝴蝶说它的家族长得才最漂亮。你们觉得哪一个最漂亮？"托育人员带领婴幼儿开展动物家族擂台秀活动，以家族的方式分别介绍它的动物成员，包括：四只脚的哺乳类动物（如马、羊），有翅膀的昆虫（如蝴蝶、瓢虫），在水里游的鱼类（如金鱼、鲤鱼），在空中飞的鸟类（如鹦鹉、鸽子）。成人依次介绍每一个动物家族的特征，比如：鱼类家族有尾巴，在水里游起来摇头摆尾，很优雅；鸟类有翅膀，在天空展翅飞翔，自由自在；昆虫身上有美丽的花纹，会在叶子上停留，也会飞起来，很有特色。

### 实施要点

本活动用到了半抽象的动物图卡，因此最好安排在"食物与照护"概念下的动物来访活动后开展，这样婴幼儿有了接触真实动物的前期经验。至于活动开展方式，基本上是由成人运用肢体语言配合相关动物的玩教具演示擂台秀。在选出最漂亮的动物环节，托育人员应视婴幼儿的能力发展情况，鼓励他们直接说出动物名称，或者允许他们指着图片示意。成人还可以指着图片或动物玩偶，由婴幼儿通过点头或摇头来示意。对于2—3岁幼儿，成人还可以与他们一起计数得票数。

## 我最喜欢的动物

### 内容概述

托育人员运用动物玩偶与《我的朋友在哪里》儿歌的曲调，与婴幼儿对唱。比如，托育人员唱"一二三四五六七，你最喜欢什么动物？什么动物？什么动物？"，婴幼儿回唱"我最喜欢长颈鹿！"或"长颈鹿"。活动目的是借助活泼的儿歌提高婴幼儿的口头表达能力。

实施要点

对于 1 岁以下婴儿，托育人员随着音乐一边唱儿歌一边拿出动物玩偶与他们欢乐互动，并且允许婴儿以指认、点头、摇头或其他方式示意自己最喜欢的动物，但不强求。对于 1—2 岁幼儿，托育人员应视其能力发展情况允许他们只说不唱，也允许还不会说话的幼儿在成人唱完后通过指认的方式表达自己的意思。对于 2 岁以上表达能力较佳的幼儿，在他们回唱后，鼓励他们说出为什么，比如："我最喜欢小猫，因为它很可爱！"

## 动 物 捏 塑

内容概述

托育人员提前准备好各色黏土（或面团）、工作垫、纸盘、绘本《好饿的毛毛虫》封面照片与事先捏好的毛毛虫。托育人员引导婴幼儿在工作垫上捏塑，最后把成品排列在纸盘上。活动目的在于增进婴幼儿对毛毛虫的认识，提高他们的小肌肉操作能力。

实施要点

对于 0—1 岁婴儿，托育人员向他们示范将黏土揉成小球，期待他们能够模仿。不过，这个年龄段的婴儿大都无法做到，所以托育人员可将黏土揉成许多小圆球，请婴儿将其稍微压扁，并引导他们将黏土圆球排列在盘子上成毛毛虫状。对于 1—2 岁幼儿，托育人员可以邀请他们对着毛毛虫成品思考一节一节的毛毛虫是怎么揉制的，然后拿出长条黏土请他们操作。托育人员也可以运用照片带领幼儿一起回忆第四章"我是点心师傅"活动中小汤圆的做法，必要时给予提示或示范。对于 2—3 岁幼儿，在唤醒他们对小汤圆的记忆后，鼓励他们尽量独自制作毛毛虫，并要求他们加上眼睛等。除毛毛虫外，还可以分次让幼儿制作蝴蝶、瓢虫等其他昆虫。

### 动物撕贴画

**内容概述**

本活动内容是先撕色纸，接着是涂胶水，然后将色纸粘贴在白色画图纸上事先画好的动物（如大熊、绵羊、大象等）轮廓内。活动目的是增进婴幼儿对动物外形的认识，提高他们的小肌肉操作能力。

**实施要点**

对于1岁以下婴儿，托育人员应事先准备好已经撕好的纸和涂有胶水的动物轮廓，协助他们直接将撕好的纸粘在动物轮廓内。对于1—2岁幼儿，托育人员可向他们示范如何撕纸或帮他们撕一个开口，并在动物轮廓内涂上胶水或视幼儿的能力让他们自行涂胶水，鼓励他们完成粘贴工作。对于2—3岁幼儿，托育人员在向他们说明操作要求后应支持他们尽量独自完成以上工作，并鼓励他们在没有事先画好动物轮廓的画图纸上进行撕贴画活动。

### 动物棉花贴画

**内容概述**

本活动内容是先撕下一小团棉花并将其拉至蓬松状，然后将它粘贴在白色画图纸上的动物（如绵羊、熊猫、北极熊等）轮廓内。活动目的在于增进婴幼儿对动物外形的认识，促进他们的小肌肉操作能力发展。

**实施要点**

对于1岁以下婴儿，托育人员可以将已经撕好并拉至蓬松状的棉花和涂有胶水的动物轮廓提供给他们，协助他们直接将棉花粘在轮廓内。对于1—2岁幼儿，托育人员可以向他们稍加示范如何撕拉棉花团（即鼓励幼儿尝试将棉花团拉至蓬松状而不断裂），并在动物轮廓内涂上胶水或视幼儿的能力发展情况让其自行涂胶水，之后鼓励幼儿完成粘贴工作。对于2—3岁幼儿，托育人员在说明了操作步骤后应支持幼儿尽量自行完成粘贴工作，并鼓励他们在没有事先画好动物轮廓的画图纸上进行棉花贴画活动。

### 手指谣：《手指头变变变》（动物）

内容概述

托育人员运用手指谣，协助婴幼儿表征动物的特征。比如：一根手指头啊（左手食指），一根手指头啊（右手食指），变呀变成毛毛虫（左右手食指各自往中间蠕动）；两根手指头啊（食指和中指），两根手指头啊（食指和中指），变呀变成小白兔（左右手食指、中指放头上做兔子耳朵状）；三根手指头啊（食指、中指和无名指），三根手指头啊（食指、中指和无名指），变呀变成小花猫（左右手三根手指各在嘴巴旁横向画三下代表猫须）；四根手指头啊（食指、中指、无名指和小指），四根手指头啊（食指、中指、无名指和小指），变呀变成小螃蟹（左右手四根手指做螃蟹横行状）；五根手指头啊（拇指、食指、中指、无名指和小指），五根手指头啊（拇指、食指、中指、无名指和小指），变呀变成小小鸟（左右手做鸟翅膀飞行状）。活动目的是运用手指谣帮助婴幼儿了解与表征动物的特征，并在改编手指谣中促进婴幼儿的创造力与口头表达能力发展。

实施要点

对于1岁以下婴儿，托育人员在演示后可抓起他们的手指与他们快乐互动。对于1—2岁幼儿，托育人员可以鼓励他们尽量跟着一起念手指谣并比画动作，但不要求他们念得或者做得完全正确，必要时托育人员可一句句教幼儿念手指谣。对于2—3岁幼儿，除要求他们跟着一起念手指谣并比画动作外，托育人员应尽量支持他们独自念手指谣与演示动作，并鼓励他们思考其他的表征方式，如表征不同的动物。

## （二）区域游戏和探索活动

### 绘本：《1，2，3到动物园》

内容概述

该绘本描述了一辆载着动物的火车要出发，一节车厢载着一种动物，每种动物的图像都是跨左右两页，且页面上文字简单，比如，"第一节车厢有1头大象""第二节车厢有2只河马""第三节车厢有3只长颈鹿"……"第十节车厢有10只鸟",最后一张大图是所有动物都到了动物园。该绘本可帮助婴幼儿认识各种动物的特征与练习计数。

实施要点

托育人员可让婴幼儿在区域活动中自行阅读该绘本。如果托育人员与婴幼儿共读该绘本,那么在与0—1岁婴儿共读时,托育人员可以朗读绘本并辅以丰富的肢体语言帮助婴儿理解绘本内容,然后拉起婴儿的手一起计数每页的动物。在与1—2岁幼儿共读时,除了鼓励他们尽量跟着一起朗读,托育人员还可以与他们计数动物,当最后念到"大家都到动物园啰"时,可鼓励他们找出图上的每种动物,并请他们指认、说出或仿说动物的名称。对于2—3岁幼儿,因为绘本的句子很简单,托育人员在第二次与他们共读时就可以请他们挑战独自朗读。

## 动物对对碰

实施要点

在玩具操作区或益智区投放塑料动物模型与动物图卡,让婴幼儿一一配对,如兔子图卡配对兔子塑料模型。托育人员也可以另外准备数个小盒子与哺乳类、鸟类、鱼类、昆虫类动物图卡,引导婴幼儿按照图卡将动物模型分类。

## 动 物 拼 图

实施要点

在玩具操作区或益智区提供动物拼图,供婴幼儿自行探索。

## 动物蜡笔画

实施要点

在艺术创作区投放塑料动物模型或动物图片、粗大的蜡笔与画图纸,让幼儿自行涂鸦。此活动较适合2岁以上的幼儿。

## 二、居住环境与习性

"居住环境与习性"概念涉及的小组游戏和探索活动以及区域游戏和探索活动如下所示。

### （一）小组游戏和探索活动

#### 共读《偷看一下动物的家》

**内容概述**

该绘本是一本信息类图书，也是一本翻翻书。它一共介绍了十几种动物以及它们的家，包括：人类圈养在农场里的动物如小鸡、狗、马等，水里的蝌蚪，海里的鱼、寄居蟹，树上鸟巢里的鸟，树洞里的松鼠，蜂窝里的蜜蜂，蚁窝里的蚂蚁等。它涉及同动物的居住环境与习性概念相关的知识。共读完后，托育人员可将该绘本投放到绘本故事区，供婴幼儿自由阅读。

**实施要点**

在与1—3岁幼儿共读时，托育人员可以让他们轮流动手翻页，增加阅读的乐趣，并视幼儿的能力发展情况邀请他们指认、仿说或说出动物的名称与住处。建议仅强调常见的动物，略过榛睡鼠、河狸等较不常见的动物。

#### 共读《农场动物》（拼图书）

**内容概述**

该绘本介绍了常见的农场动物，如牛、鸡、马、羊等，而且每种动物身上的拼图块都可以上下左右地推移且不易脱落或遗失。

**实施要点**

该绘本较适合0—2岁婴幼儿，其可爱的动物图案能够吸引婴幼儿的注意，引发他们动手操作，加深他们对农场动物的认识。托育人员可视婴幼儿的能力发展情况，请他们指认、仿说或说出动物的名称。共读完后，托育人员可将该绘本投放到绘本故事区，供婴幼儿自由阅读与操作。

## 家庭宠物与农场动物

### 内容概述

在婴幼儿通过绘本共读初步认识了家庭宠物与农场动物后，在他们开展过动物来访活动后，托育人员拿出房屋模型、有围栏的农场（可用积木现场搭建）及一些动物图卡、动物玩偶，请婴幼儿找出养在家里的常见宠物（如狗、猫、金鱼等）与养在农场里的常见动物（如牛、羊、马等），并将它们各自放入房屋模型与农场围栏中。

### 实施要点

对于1岁以下婴儿，托育人员可以一边说宠物和农场动物的名称，一边将它们分别放入房屋模型、农场围栏中，并且让婴儿抱着猫、狗玩偶，告诉婴儿它们是养在家里的、可以陪伴人的可爱宠物。对于1—2岁幼儿，托育人员向他们解释：宠物是养在家里的，可以陪伴人；农场动物是养在农场里的，对农民和农业劳动有益。只要幼儿能大致分辨出宠物与农场动物即可。对于2—3岁幼儿，托育人员可进一步询问他们："宠物或农场动物都长得一样吗？哪里一样？哪里不一样？它们都来自同一家族（类别）吗？"请幼儿仔细观察并试着回答，托育人员则运用"对话补说"策略协助他们表达。活动目的在于引导幼儿认识到即使是宠物或农场动物也有多种类别。

## 儿歌《王老先生有块地》

### 内容概述

托育人员运用儿歌《王老先生有块地》与婴幼儿一起互动，在将歌词中的农场动物如小鸡、小鸭、小羊等唱完后，可以替换为其他动物。此外，歌词中动物的叫声也可跟着替换的动物而改变。活动目的是帮助婴幼儿熟悉动物的名称和叫声，并在欢乐互动中促进婴幼儿的语言发展。

### 实施要点

对于1岁以下婴儿，托育人员随着音乐哼唱，并拿出该动物玩偶带着婴儿一起欢乐互动。对于1—2岁幼儿，托育人员可以与他们对唱，比如，托育人员唱："王老先生有块地！"幼儿唱："咿呀咿呀哟！"托育人员唱："他在田边养小鸡！"幼儿唱："咿呀咿呀哟！"托育人员唱："这里……"幼儿唱："叽叽叽！"托育人员唱："那里……"幼儿唱："叽叽叽！"托育人员唱："这里叽那里叽，到处都在……"幼儿唱："叽叽！"如果幼儿无法唱出来，那么可以允许他们用说的方式。对于2—3岁幼儿，托育人员可以与他们一起合唱、对唱，或是幼儿先唱，托育人员后唱。托育人员甚至可以邀请幼儿将歌词中的动物替换为其他动物。

## 共读《好忙的蜘蛛》

### 内容概述

参考第四章语言领域的"动物与叫声"活动，与婴幼儿共读绘本《好忙的蜘蛛》，帮助他们了解各种动物的习性与叫声。在共读过该绘本后，托育人员参照儿歌《王老先生有块地》一边拍手打节拍一边问婴幼儿每种动物怎么叫，比如，托育人员问："小狗怎么叫？"婴幼儿回答："小狗汪汪叫！"再比如，托育人员问："小猫怎么叫？"婴幼儿回答："小猫喵喵叫！"

### 实施要点

对于尚不会说话的婴儿，托育人员可以邀请他们仿说，但不强求；也可以邀请他们指认喵喵叫的是哪一种动物；还可以指着某种动物问婴幼儿，婴幼儿以点头、摇头来示意。对于表达能力较佳的幼儿，他们可以回答"喵喵""喵喵叫"或"小猫喵喵叫"。

## 动物在哪里生活

### 内容概述

绘制一张含有蔚蓝的天空、树木的枝干、陆地与潺潺水流的图画，并准备小张动物图卡或小型塑料动物模型，让婴幼儿将动物图卡或塑料动物模型放在图画上的各个区域以表示它们居住或生活的环境。比如：将小鸟放在蔚蓝的天空上或树木的枝干处；将鱼和螃蟹放到潺潺的水流里；将羊、马和牛放在陆地上；将松鼠、猴子放在树木的枝干处或陆地上等。

实施要点

对于0—1岁婴儿，托育人员可以先介绍图画中的各个区域，然后将小动物模型或图卡放到相应的生活区域，并描述它们正在做什么。对于1—2岁幼儿，除了操作图卡或动物模型外，托育人员还可以视他们的能力发展情况请他们说出、指认或仿说动物及其居住的区域。对于2—3岁幼儿，托育人员应进一步引导他们说出简单的完整句子，如"小鸟在天上飞""鱼儿在水里游"等。

### 帮宠物小狗盖新房

内容概述

创设故事情境，引导婴幼儿为宠物小狗盖新房。活动目的是帮助婴幼儿了解宠物可以陪伴人类，住在人类为它们准备的家里，并发挥爱心用积木或纸箱为它们建造房屋。

实施要点

对于1岁以下婴儿，托育人员在创设完故事情境后，可以一边说"我们来帮小狗盖新房"，一边用塑料积木盖出简易的房屋（可拉起婴儿的手搭建一两块积木），然后说"这就是小狗的新家"，请婴儿将小狗玩偶放到新家里面。对于1—2岁幼儿，托育人员可协助他们运用大型塑料积木或纸质积木为小狗搭建新房。对于2—3岁幼儿，除了积木外，托育人员还可以投放纸箱等作为建构材料。在幼儿盖出房子后，针对房子出现的问题如没有门窗等，鼓励他们思考如何补救。

## （二）区域游戏和探索活动

### 亲子活动：参观动物园

实施要点

请家长在节假日带着孩子到家附近的动物园接触与认识各种动物，扩展婴幼儿的经验，并与托育人员分享，让托育人员了解婴幼儿的经验状况。

### 亲子活动：参观宠物店

**实施要点**

请家长在节假日带着孩子到家附近的宠物店接触与认识各种宠物，扩展婴幼儿的经验，并与托育人员分享，让托育人员了解婴幼儿的经验状况。

### 动物找甜蜜的家

**实施要点**

托育人员将绘本中的动物与动物的家的照片复制，并制作成用来配对的教具，如小鸟配对鸟巢、蜜蜂配对蜂窝、松鼠配对树洞、蜘蛛配对蜘蛛网、蚂蚁配对蚁丘内的地道等。将它们投放到玩具操作区或益智区，供婴幼儿自由探索。

### 帮小马、小牛盖农场

**实施要点**

将各种各样的农场房舍、围栏的图片以及塑料动物玩偶投放到玩具操作区或积木区，并提供各种各样的积木如纸质积木、塑料积木、单元积木等，让婴幼儿自由搭建农场房舍、动物围栏等。

### 绘本：《可爱的动物》（触摸书）

**实施要点**

该绘本适合0—2岁婴幼儿阅读，它介绍了常见的动物如鸡、马、羊、猪、狗等，而且书中动物的毛是可以触摸的，非常吸引婴幼儿。托育人员可将该绘本投放到绘本故事区，供婴幼儿自由阅读。

## 三、身体移动

"身体移动"概念涉及的小组游戏和探索活动以及区域游戏和探索活动如下所示。

## （一）小组游戏和探索活动

### 共读《好饿的毛毛虫》

内容概述

　　该绘本描述了一只好饿的毛毛虫从星期一到星期六的食量与日俱增，结果在星期天吃了一片嫩绿的叶子后变成一条又肥又大的毛毛虫，然后造茧包住自己，在两个星期后破茧而出成为一只漂亮的蝴蝶。婴幼儿可把手指当毛毛虫钻过页面上的苹果、梨子、草莓等水果图片，感受毛毛虫的蠕动，了解毛毛虫吃的水果，知道毛毛虫会变成蝴蝶。该绘本有助于婴幼儿了解动物的移动和食物概念，也为"好吃的水果"主题奠定了基础。共读完后，托育人员可将该绘本投放到绘本故事区，供婴幼儿自由阅读。

实施要点

　　在与 0—1 岁婴儿共读时，托育人员可以配合丰富的肢体语言朗读绘本，并抓着婴儿的手钻过页面上的水果图片；也可试着邀请婴儿仿说"毛毛虫"，但不强求；还可以问婴儿毛毛虫在哪里，并请他们指认。在与 1—2 岁幼儿共读时，除了让他们用手钻过水果的图片外，还可以鼓励他们跟着一起念读毛毛虫吃的水果与重复性句子，比如，"星期一，它吃了一个苹果。可是，肚子还是好饿。"，不必要求幼儿读得完全正确。最后问幼儿毛毛虫变成了什么动物，或请其仿说"蝴蝶"。对于 2—3 岁幼儿，托育人员应尽量让他们预测下一页的句子，看图试着独自朗读这些重复性句子。最后，托育人员问他们蝴蝶有什么特征（即长得怎么样？有什么特别的地方？）以及它和毛毛虫有什么不同，请他们仔细观察并说出答案，托育人员运用"对话补说"策略帮助他们表达。

### 共读《好大的红苹果》

内容概述

　　该绘本描述了树上长了五个大大的红苹果，被小熊、小松鼠、乌鸦、小老鼠分别拿走了一个，最后剩下一个掉下来，被小蚂蚁们吃了。整个绘本句子很简单，比如，整页文字仅有："我要吃啰！小松鼠抱走了一个。"此外，每种动物取走苹果的动作都不同，比如，小熊摘走苹果、小松鼠抱走苹果、乌鸦叼走苹果、小老鼠搬走苹果、蚂蚁抬走苹果。因此，该绘本不仅可以帮助婴幼儿认识喜欢吃水果的动物，锻炼婴幼儿的口语表达能力，而且可以作为律动的素材。它还可以关联"好吃的水果"主题，引出制作苹果汁、苹果泥的活动。共读完后，托育人员可将该绘本投放到绘本故事区，供婴幼儿自由阅读。

**实施要点**

对于0—1岁婴儿，托育人员可以朗读绘本并配合丰富的肢体语言，让他们理解绘本内容。托育人员可试着邀请婴儿仿说"苹果"，但不强求；也可以问婴儿苹果在哪里，请他们通过用手指、微笑或其他方式指认。在与1—2岁幼儿共读时，可以鼓励他们跟着一起朗读重复性句子，如"我要吃啰……"，但不要求幼儿读得完全正确。托育人员可以协助幼儿命名或仿说五种动物的名称。在与2—3岁幼儿共读时，尽量让他们看图试着独自朗读这些简单的句子，并且引导他们注意动物取走水果时用的动词——摘、抱、叼、搬、抬等。

### 故事时间：龟兔赛跑

**内容概述**

托育人员运用乌龟与兔子玩偶，讲述龟兔赛跑的故事。讲述过程中，托育人员运用肢体语言演示乌龟怎么爬和兔子怎么跳。

**实施要点**

对于0—1岁婴儿，托育人员可以运用丰富的肢体语言讲述故事，并在讲述完毕指着乌龟与兔子玩偶进行命名，期望他们能仿说或指认。对于1—2岁幼儿，托育人员在讲述完故事后可视他们的能力请他们命名、指认或仿说"乌龟""兔子"；也可以问简单的问题，如"兔子在赛跑时做了什么？""最后谁先到的？"。对于2—3岁幼儿，托育人员可以跟他们玩一问一答的游戏或故事接龙，即托育人员先说故事开头，再请幼儿试着讲一小段，然后托育人员接着讲述。

### 观察我们的动物

内容概述

托育机构饲养金鱼、乌龟、小鸟、兔子等宠物，为婴幼儿近距离观察动物的习性、食物、身体移动方式提供了机会。因此，除了安排婴幼儿轮流给宠物喂食外，还要尽量给他们安排固定观察宠物的时间与机会。

实施要点

当1岁以下的婴儿观察宠物时，托育人员可以直接指出观察的重点，如宠物正在移动身体的哪个部位、姿态如何，然后运用口头语言与肢体语言进行表征，如兔子跳、小鸟飞。对于1—2岁幼儿，托育人员可以提醒他们注意观察的重点，比如：兔子如何移动身体？用哪个部位移动？移动身体时是什么样子的？邀请他们运用肢体语言表征兔子移动身体的样子，或者试着说出或仿说兔子如何移动。对于2—3岁幼儿，除了运用肢体语言进行表征外，托育人员还可引导他们比较不同的动物甚至通过涂鸦进行记录。无论是对1—2岁幼儿还是2—3岁幼儿，托育人员均可酌情运用"对话补说"策略协助他们表达。

### 语言游戏：动物动啊动

内容概述

托育人员拿出毛毛虫、小鸟、鱼儿、兔子、乌龟等动物的图卡，告诉婴幼儿要玩语言游戏，并提问某种动物是怎么移动身体的，然后邀请婴幼儿试着回答。比如，托育人员问："鱼儿怎么动？"婴幼儿回答："鱼儿游啊游！"再比如，托育人员问："小鸟怎么动？"婴幼儿回答："小鸟飞啊飞！"活动目的在于帮助婴幼儿表达动物如何移动身体，并促进他们的口头表达能力发展。

实施要点

对于还不会说话的婴儿，托育人员可以邀请他们指认"飞啊飞"（配合肢体动作）的是哪一种动物，或者配合肢体动作询问他们："这是飞啊飞的动物吗？"婴儿则以点头、摇头等方式示意。对于1—2岁幼儿，托育人员可以邀请他们说出"小鸟飞""鱼儿游""兔子跳"，或者邀请他们仿说这些词句，或者只是仿说"鸟""鱼""飞""游"等。对于2—3岁口头表达能力较好的幼儿，托育人员可以邀请他们直接完整地说出"小鸟飞啊飞""鱼儿游啊游"，甚至鼓励他们将其拓展为"小鸟在空中飞啊飞""鱼儿在大海里游啊游"等。

## 身体动作游戏：动物动次！动次！

### 内容概述

本活动旨在引导婴幼儿表征动物是如何移动身体的。活动中，婴幼儿假装是某种动物并且移动身体，如鱼儿摇头摆尾地游、小鸟展翅飞翔、兔子跳啊跳等，托育人员则帮忙打节拍。

### 实施要点

对于1岁左右可以走的婴儿，托育人员可以向他们做简单的乌龟走、小猫走的动作，期望引起他们的模仿行为，或者拉着婴儿的手一起做动作。对于1—2岁走得很好的幼儿，托育人员可以先鼓励他们思考与做出动作（可播放节奏感强的音乐），并视其表现在旁给予鼓励、提示或示范。对于2—3岁幼儿，托育人员可以鼓励他们配合音乐自行移动身体，同时可以提供一个塑料苹果，邀请他们表演《好大的红苹果》绘本中动物取走苹果的方式，如小熊摘走苹果、松鼠抱走苹果、乌鸦叼走苹果、蚂蚁抬走苹果等，托育人员必要时提供协助。

## 身体动作游戏：动物赛跑

### 内容概述

本活动是"身体动作游戏：动物动次！动次！"的快节奏版本。托育人员先让幼儿表演每种动物快速移动身体的方式，如小猫快速地走、鱼儿快速地游、小鸟快速地飞等，然后邀请他们扮演不同的动物进行移动身体的比赛。

### 实施要点

对于1—2岁幼儿，托育人员可以先鼓励他们自己做动作，再视他们的表现给予提示或示范。对于2—3岁幼儿，托育人员可以鼓励他们自行做动作，并且鼓励他们以动物移动身体的方式欢乐地跳舞。

**儿歌律动：蝴蝶**

**内容概述**

托育人员在播放《蝴蝶》儿歌前，稍微向婴幼儿解释歌词的意思，然后发给他们金色丝巾，邀请他们随着儿歌的节奏像蝴蝶般自由地舞动。活动目的是通过律动帮助婴幼儿进一步了解蝴蝶是如何移动身体的，并促进他们表征能力的发展。

**实施要点**

对于还不会走路的婴儿，托育人员可以一边说着"蝴蝶"，一边抓起婴儿的手做蝴蝶翩翩起舞的样子，或者给能够坐的婴儿系上金色丝巾，鼓励他们随着音乐舞动。托育人员还可以试着邀请他们仿说"蝴蝶"，但不强求。对于1—2岁幼儿，托育人员在示范完动作后，如果发现幼儿特别喜欢其中的某个动作，那么就让他们陶醉其中，或者让幼儿随着儿歌节奏自由舞动。对于2—3岁幼儿，则鼓励他们思考并做出跟托育人员不一样的蝴蝶飞舞动作。无论是对1—2岁幼儿还是2—3岁幼儿，托育人员都应鼓励他们跟着旋律哼唱。

**儿歌律动：大象**

**内容概述**

托育人员在播放《大象》儿歌前，稍微向婴幼儿解释歌词的意思，比如，向婴幼儿解释"大象！大象！你的鼻子怎么那么长？妈妈说，鼻子长才漂亮！"的意思。然后，邀请婴幼儿随着儿歌节奏像大象那样自由地舞动。活动目的是通过律动帮助婴幼儿了解大象是如何移动身体的，并促进他们表征能力的发展。

**实施要点**

对于还不会走路的婴儿，托育人员可拉着他们的手脚随着儿歌的节奏律动，或抓起他们的手做长鼻子状舞动。对于1—2岁幼儿，托育人员在示范完动作后，如果发现幼儿特别喜欢其中的某个动作（如把手当作大象鼻子甩啊甩），那么让他们陶醉其中，或者让幼儿随着儿歌的节奏自由舞动。对于2—3岁幼儿，则鼓励他们思考并做出跟托育人员不一样的大象动作，比如，躺下把腿当作长鼻子甩动。无论是对1—2岁幼儿还是2—3岁幼儿，托育人员都应鼓励他们跟着旋律哼唱。

### 儿歌律动：鱼儿鱼儿水中游

内容概述

托育人员在播放《鱼儿鱼儿水中游》儿歌前，向婴幼儿稍微解释歌词的意思，然后邀请婴幼儿随着儿歌节奏像鱼儿般自由地游动。活动目的是通过律动帮助婴幼儿深入地了解鱼是如何移动身体的，并促进他们表征能力的发展。

实施要点

对于还不会走路的婴儿，托育人员一边说着"鱼儿"，一边拉着他们的手脚随着儿歌节奏律动，或抓起他们的手做水中游动状。针对1—2岁幼儿，托育人员在示范后，如果发现他们特别喜欢其中的某个动作（如将手做出S状往前游），就让他们陶醉其中，或者让幼儿随着儿歌的节奏自由舞动。针对2—3岁幼儿，则鼓励他们思考并做出跟托育人员不一样的游泳动作，如趴在地上手前后滑动。无论是对1—2岁幼儿还是2—3岁幼儿，托育人员都应鼓励他们跟着旋律哼唱。

### 手指谣：《五只猴子荡秋千》

内容概述

"五只猴子荡秋千（右手手掌朝下摆动），嘲笑鳄鱼（左右手向两侧摇两下）被水淹（两手掌做波浪状），鳄鱼来了，鳄鱼来了（手掌虎口张开当作鳄鱼大嘴），啊呜！啊呜！啊呜！（做大口吃下动作）四只猴子荡秋千……"该手指谣中的猴子数量一次次递减，从五只、四只、三只、二只到一只。活动目的是通过手指谣增进婴幼儿对猴子和鳄鱼的理解，促进他们的表征能力和口头表达能力的发展。

实施要点

对于0—1岁婴儿，托育人员可以一边念手指谣一边向他们演示动作，或者拉着他们的手演示动作，与他们快乐互动。托育人员也可试着邀请婴儿仿说"猴子"，但不强求。对于1—2岁幼儿，托育人员可以鼓励他们尽量跟着一起念手指谣、比画动作，但不要求念得或比画得完全正确，必要时一句句教幼儿念手指谣并演示动作。对于2—3岁幼儿，除要求他们跟着一起念手指谣、比画动作外，还应尽量支持他们独自念手指谣与演示动作，并鼓励他们思考其他的动作表征方式。

### 改编儿歌《大象》

内容概述

改编儿歌《大象》中的歌词，比如，把"大象！大象！你的鼻子怎么那么长？妈妈说，鼻子长才漂亮！"改编成"长颈鹿！长颈鹿！你的脖子怎么那么长？妈妈说，脖子长才漂亮！"。活动目的是帮助婴幼儿借由熟悉的儿歌旋律更深入地了解动物的特征，促进他们表征能力的发展，并在改编中提高婴幼儿的创造力与口头表达能力。

实施要点

对于0—1岁婴儿，托育人员可拿出动物玩偶，一边唱改编的儿歌一边指着该动物的特征。对于1—2岁幼儿，在确认他们对歌词、旋律熟悉的情况下，托育人员可以先提示某种动物的特征，引导他们代入词语。如果幼儿没有做出回应，那么托育人员可以做出具体示范，比如："河马！河马！你的嘴巴怎么那么大？妈妈说，嘴巴大才漂亮！"对于2—3岁幼儿，在确认他们对歌词、旋律熟悉的情况下，托育人员可以引导他们试着将大象改编成其他动物，甚至可以根据幼儿的能力发展情况提出更高的要求，比如，把"才漂亮"改编成"才能看得远""才能吃得多"。有了改编儿歌《大象》的经验，幼儿可以更轻松地根据"好吃的水果"主题中的水果进行改编。

## （二）区域游戏和探索活动

### 动物怎么移动

实施要点

在益智区或玩具操作区投放动物图卡和几个盒子，且每个盒子上都贴了一种动物的的图片，分别代表具有不同移动方式的动物，如会飞的鸽子、会游的鱼、会走的牛、会跳的兔子等，让婴幼儿将动物图卡放入适当的盒子，将动物与其移动身体的方式配对。

### 四、食物与照护

"食物与照护"概念涉及的小组游戏和探索活动以及区域游戏和探索活动如下所示。

## （一）小组游戏和探索活动

### 共读《可爱宠物》（拼图书）

**内容概述**

该绘本介绍了常见的宠物，如狗、兔、猫等，而且每种动物身上的拼图块可以上下左右地推移且不易脱落或遗失。

**实施要点**

该绘本较适合0—2岁婴幼儿阅读，书中可爱的动物图案能够吸引婴幼儿的目光，引发他们动手操作，加深他们对家庭宠物的认识。托育人员可视婴幼儿的能力发展情况，请他们指认、仿说或说出动物的名称。共读完后，托育人员可将该绘本投放到绘本故事区，供婴幼儿自由阅读与操作。

### 共读《抱抱》

**内容概述**

抱抱是爱的具体表现，不限于亲情，也不限于物种。绘本文字简单，只有"抱抱""宝宝""妈妈"等几个词语，具体描述了在森林里走的小猩猩想要妈妈抱抱它，于是坐在大象妈妈的头上寻找妈妈，它沿路看见狮子妈妈和小狮子抱抱，长颈鹿妈妈和小长颈鹿抱抱……小猩猩哭了。就在这时，猩猩妈妈出现了，它叫着"宝宝"，小猩猩叫着"妈妈"，然后它们拥抱在一起。小猩猩拥抱大象说"谢谢"，森林里的动物也都欢呼"抱抱"，所有动物都抱在一起。共读完后，托育人员可将该绘本投放到绘本故事区，供婴幼儿自由阅读。

**实施要点**

该绘本传达了人们对爱的需求与抱抱的表现，适合0—3岁婴幼儿阅读。在与0—1岁婴儿共读时，婴儿不仅可以一直仿说"抱抱"，而且可以身体力行地抱在一起。对于2—3岁幼儿，托育人员可运用"对话补说"策略询问他们除了抱抱外，还可以怎么表达爱意甚至如何对动物表达爱意。

### 每日轮流喂食

**内容概述**

鼓励婴幼儿每天轮流照顾托育机构里的金鱼、乌龟、小鸟、兔子等宠物，这可以扩展婴幼儿的经验，促进他们对动物主题的探索，因为给宠物喂食不仅可以帮助婴幼儿了解动物的食物，也可以使他们借机观察动物的习性、移动方式等。婴幼儿的喂食工作需要托育人员的协助，比如：将轮值表贴于显眼处，提醒婴幼儿别忘了自己所担负的喂食责任，帮助他们树立"养了就要爱它"的观念；叮嘱婴幼儿给宠物喂食时要定时定量；搭建鹰架，促进婴幼儿对动物的观察与认识等。

**实施要点**

即使0—1岁婴儿也可以在托育人员的大力协助下，给宠物喂食与观察宠物。对于1—2岁幼儿，托育人员可以引导他们仔细观察各种动物是如何移动身体的、吃什么食物以及有什么习性。对于2—3岁幼儿，托育人员可以协助他们比较动物间的异同，甚至用涂鸦的方式记录观察到的内容。无论是对1—2岁幼儿还是2—3岁幼儿，托育人员都可酌情运用"对话补说"策略协助他们表达。

### 动物来访：狗或猫

**内容概述**

邀请家长用宠物箱或笼子装着家中温驯的宠物如狗或猫，并将它带到托育机构，跟婴幼儿接触。托育人员可视狗或猫的情绪稳定性给它喂一些食物，然后抱着它让婴幼儿近距离观察。如果婴幼儿愿意，那么在保证他们安全的情况下，可以让他们抱抱它、摸摸它。在这个过程中，托育人员还可以跟婴幼儿聊聊有哪些动物经常被人类饲养，同时也是宠物家族的成员。

**实施要点**

即使是0—1岁婴儿也可参与此活动，要让他们知道狗或猫是人类养的、可陪伴人类的宠物。对于1—2岁幼儿，托育人员可引导他们仔细观察狗或猫是如何移动身体的、吃什么食物以及有什么习性。对于2—3岁幼儿，托育人员可协助他们比较狗或猫与托育机构饲养的动物之间有何异同，并用涂鸦的方式记录观察到的内容。无论是对1—2岁幼儿还是2—3岁幼儿，托育人员都可以酌情运用"对话补说"策略协助他们表达。

## 动物来访：兔子

**内容概述**

邀请家长用宠物箱或笼子装着家中的宠物兔子，并将它带到托育机构，跟婴幼儿接触，以丰富婴幼儿关于动物的经验。托育人员可视兔子的情绪稳定性，喂兔子吃平日爱吃的胡萝卜，然后抱着兔子让婴幼儿近距离观察。婴幼儿如果愿意，可以抱抱它、摸摸它。在这个过程中，托育人员还可以跟婴幼儿聊聊有哪些动物经常被人类饲养，同时也是宠物家族的成员。

**实施要点**

即使是0—1岁婴儿也可参与此活动，要让他们知道兔子是人类养的、可陪伴人类的宠物。对于1—2岁幼儿，托育人员可引导他们仔细观察兔子是如何移动身体的、吃什么食物以及有什么习性。对于2—3岁幼儿，托育人员可协助他们比较兔子与托育机构饲养的动物之间有何异同，并用涂鸦的方式记录观察到的内容。无论是对1—2岁幼儿还是2—3岁幼儿，托育人员都可以酌情运用"对话补说"策略协助他们表达。

### 制作感谢卡

**内容概述**

托育人员协助婴幼儿制作一张大的感谢卡，感谢某位家长带宠物来托育机构，也感谢该宠物来看婴幼儿。托育人员首先呈现动物来访日的照片，以唤醒婴幼儿的记忆。然后，询问婴幼儿怎么表示感谢以及在卡上画什么。

**实施要点**

对于0—1岁婴儿，托育人员可以运用肢体语言解说感谢卡的制作过程，并协助婴儿制作感谢卡。对于1—2岁幼儿，托育人员需要给予提示或在旁示范，如画上红色的爱心、宠物图，让幼儿贴上花朵、爱心贴纸或进行涂鸦以表示感谢。对于2—3岁幼儿，托育人员在就如何表达谢意给予他们提示后，允许幼儿创造性地表达谢意，如贴上金色的纸、盖上指印、画出美丽的图案等。

### 照护动物我最会

**内容概述**

托育人员拿出动物玩偶如小猫玩偶，说："小猫生病了，要怎么照顾它呢？"婴幼儿可能会说："抱抱！"托育人员应夸赞他们。活动目的在于激发婴幼儿对动物的爱，以及通过表达对动物的爱促进他们口头表达能力的发展。

**实施要点**

对于还不太会表达的1—2岁幼儿，托育人员可以稍加提示或引导，比如："除了说抱抱表示爱小猫外，还可以怎么做？"将小猫玩偶抱给幼儿，请他演示出来。对于2—3岁幼儿，托育人员可以拿出事先准备好的图片，如舒服的猫窝、逗猫玩具、猫爬架、猫草、宠物医院的图片等，并运用"对话补说"的策略协助幼儿说出如何照顾小猫。

## （二）区域游戏和探索活动

### 动物吃什么

实施要点

将动物爱吃的食物，如牛、羊爱吃的草，兔子爱吃的胡萝卜，猴子、大象爱吃的香蕉，熊猫爱吃的竹子等，做成图卡。此外，准备一些小型塑料动物，将它们投放到益智区或玩具操作区，让婴幼儿给动物与食物配对。

### 绘本：《可爱动物》（立体书）

实施要点

该小型立体书适合0—2岁婴幼儿阅读，它介绍了常见的动物如兔子、狮子、长颈鹿、大象等，而且书中的动物一翻页就弹跳出来，非常吸引婴幼儿。托育人员可将该绘本投放到绘本故事区，供婴幼儿阅读。

# 第二节　婴幼儿主题课程示例Ⅱ：好吃的水果

"好吃的水果"主题涉及四个概念："种类与特征""内部有什么秘密""真好吃啊"和"水果保存"（见图5.2）。在该主题的课程网络图中，这些概念均以长方形框呈现，而长方形框的下一层就是以椭圆形框呈现的各领域活动，这些活动是为婴幼儿认识、理解或探究上一层概念而设计的。比如，"水果大不同"是认识水果的"种类与特征"的活动，"我是小帮手：制作苹果泥"是了解水果"真好吃啊"的活动。因为每个活动都涉及三个年龄段，考虑到主题内涵的分量与篇幅，所以每个活动的方案都相对简短，读者可视婴幼儿的能力自行斟酌调整，以满足婴幼儿的个体发展差异。在主题课程网络图中，铺有底色的椭圆形框中呈现的活动是在区域中进行的相关活动，比如，"种类与特征"概念下的"水果对对碰""黑色与彩色的对话：猜猜看"等，"水果保存"概念下的"果干认亲配对""水果篮装饰：模式"等。以上这些是与主题直接相关的活动，而原

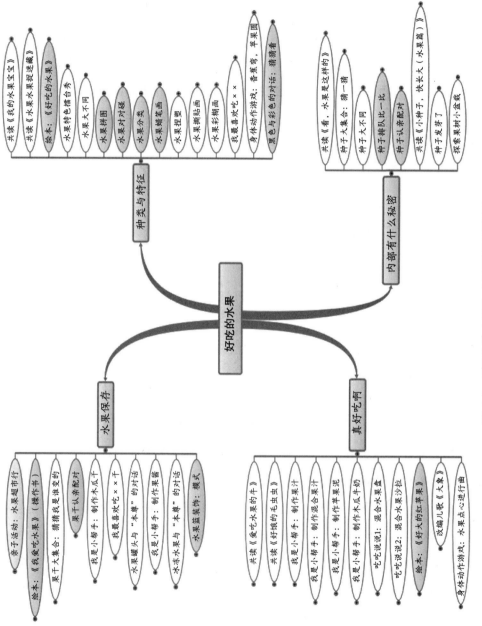

图 5.2　"好吃的水果"主题课程网络图

本区域中的常备玩具与活动仍然可供婴幼儿探索，如第三章第三节所示。接下来，我们将依次介绍为"好吃的水果"这一主题中的各个概念而设计的活动。

## 一、种类与特征

"种类与特征"概念涉及的小组游戏和探索活动以及区域游戏和探索活动如下所示。

### （一）小组游戏和探索活动

#### 共读《我的水果宝宝》

**内容概述**

该绘本介绍了八种水果的特征，如颜色、形状、味道等。每一页都通过"喂、喂、喂！请问你是谁？"的重复性句子，引出水果的名称与特征，比如："喂、喂、喂！请问你是谁？""我是黄色的香蕉，弯弯的好像一艘船。""喂、喂、喂！请问你是谁？""我是橙色的橘子，吃起来酸酸甜甜的。""喂、喂、喂！请问你是谁？""我是圆鼓鼓的西瓜，像颗大皮球的西瓜。"该活动拉开了"好吃的水果"主题课程的序幕。共读完后，托育人员可将该绘本投放到绘本故事区，供婴幼儿自由阅读。

**实施要点**

对于0—1岁婴儿，托育人员可以朗读绘本并辅以丰富的肢体语言，帮助婴儿理解绘本内容。托育人员也可试着邀请婴儿指认或仿说最喜欢的水果，但不强求。在与1—2岁幼儿共读时，托育人员可以邀请他们跟着一起念读"喂、喂、喂！请问你是谁？"的重复性句子，说出、指认或仿说水果的名称。对于2—3岁幼儿，应尽量鼓励他们看着图片独自朗读这些重复性语句，并说出大部分水果的名称。

## 共读《水果水果捉迷藏》

内容概述

该绘本前一页呈现了问句、形容词与不完整的水果图片，翻页后在洞洞的轮廓中揭示了答案，比如，前一页为"猴子最喜欢吃的，是什么呢？""弯弯的"和香蕉的不完整图片，翻页后洞洞的轮廓中出现了完整的香蕉图像，上面还有香蕉的名称。全书共介绍了八种水果，在趣味阅读中加深了婴幼儿对水果的印象。共读完后，托育人员可将该绘本投放到绘本故事区，供婴幼儿自由阅读。

实施要点

对于 0—1 岁婴儿，托育人员可以朗读绘本并辅以丰富的肢体语言，帮助婴儿理解绘本内容。托育人员也可试着邀请婴儿指认或仿说最喜欢的水果，但不强求。在与 1—2 岁幼儿共读时，托育人员可以邀请他们在念完一页尚未翻页时猜测这是什么水果，翻页呈现完整的水果图像时再请他们说出该水果的名称，或者邀请他们仿说水果名称。对于 2—3 岁幼儿来说也一样，托育人员可邀请他们先猜测是什么水果，并在翻页后验证、指认或仿说水果名称。在幼儿已经知道了每页的水果特征与名称后，鼓励他们尽量看图朗读句子，尤其是那些形容词，如油油亮亮、凹凹凸凸、毛茸茸、圆滚滚等。

## 水果特色擂台秀

内容概述

准备《水果水果捉迷藏》绘本中的水果（如苹果、香蕉、橘子、葡萄、哈密瓜、水蜜桃、草莓、菠萝）和《我的水果宝宝》绘本中的水果（如柿子、西瓜、杨桃），请婴幼儿对照书中的特征指认出新鲜的水果。比如，当托育人员配合肢体语言描述某种水果的特征时，如弯弯的好像一艘船，婴幼儿能将香蕉指认出来。活动目的在于帮助婴幼儿初步认识到水果的种类繁多且各有特色。

实施要点

建议尽量提供多种水果，让婴幼儿真正感受到水果的种类繁多且各具特色。对于 0—1 岁婴儿，尽可能让他们用感官探索水果，如触摸、观察、嗅闻水果，但要防止他们舔咬水果。托育人员也可试着邀请他们指认或仿说自己最喜欢的水果，但不强求。1—2 岁幼儿除了运用感官探索水果外，在托育人员提到水果的特征时，能正确指认一些水果或者说出一两种常见水果的名称。2—3 岁幼儿在托育人员提到水果的特征时能指认和说出更多的水果，并且在托育人员的引导下，能描述一些水果的特征，如凹凹凸凸的、弯弯的、圆圆大大的等。

## 水果大不同

### 内容概述

为婴幼儿提供各种各样的水果，并提问："水果都长得一样吗？""水果之间有什么不同？"让婴幼儿深入地观察、比较与探索水果。因此，活动目的在于加深婴幼儿对水果种类繁多的认识，培养他们的探究能力。

### 实施要点

对于 0—1 岁婴儿，在呈现了各种水果后，除允许他们运用感官探索外，托育人员还可以运用肢体语言描述每种水果的不同之处。比如：一边指着香蕉说"弯弯的"，一边比画出弯弯的形状；一边指着西瓜说"圆圆大大的"，一边比画出一个大圆形。最后，一一指着每种水果说："好多种不同的水果！"在与 1—2 岁幼儿互动时，托育人员可以运用第四章的"对话补说"策略协助他们简单说出水果间的不同。对于 2—3 岁幼儿，托育人员则视他们的语言能力发展情况，尽量邀请他们说出水果间的不同，必要时运用"对话补说"策略协助他们表达。水果的颜色、外形、大小、气味均不相同，即使同一种苹果，其颜色也有差异。因此，当 1—3 岁幼儿聚焦于水果的一种属性如形状进行比较时，可以问他们"只有形状不同吗？还有什么不一样的地方？"，促使他们进行多角度思考。

## 水 果 捏 塑

### 内容概述

准备各色黏土（或面团）、工作垫、纸盘及真实的葡萄，让婴幼儿在工作垫上捏塑，最后把成品摆放在纸盘上。活动目的在于增进婴幼儿对葡萄的认识，促进他们的小肌肉操作能力发展。

### 实施要点

对于0—1岁婴儿，托育人员可当面示范将黏土揉成小球，期待他们能模仿。这个阶段的婴儿大都无法做到，因此托育人员可将黏土揉成许多小圆球，引导他们将黏土圆球摆放在盘子上成一串葡萄。对于1—2岁幼儿，托育人员可以指着葡萄先邀请他们思考一粒粒的圆形葡萄是怎么制作出来的，再拿出长条黏土请他们尝试制作，必要时给予提示或示范。对于2—3岁幼儿，除了邀请他们尽量独自制作圆形葡萄外，还可以要求他们给葡萄添加枝叶。除了葡萄外，还可分次让幼儿制作草莓、香蕉等其他水果。

## 水果撕贴画

### 内容概述

本活动内容是先撕色纸，接着涂胶水，然后将色纸粘贴在白色画图纸上事先画好的水果（如菠萝、苹果、木瓜等）轮廓内。活动目的在于增进婴幼儿对水果外形的认识，促进他们的小肌肉操作能力发展。

### 实施要点

对于1岁以下的婴儿，托育人员准备好已经撕好的纸和涂有胶水的水果轮廓，协助他们直接将纸粘在水果轮廓内。对于1—2岁幼儿，托育人员可以先示范如何撕纸或帮幼儿撕一个开口，并在水果轮廓内涂上胶水，然后让幼儿完成粘贴工作。当然，托育人员也可以视幼儿的能力让他们自行涂胶水。对于2—3岁幼儿，托育人员在说明操作步骤后请他们尽量独自完成以上工作。若能完成，则鼓励他们在没有事先画好轮廓的画图纸上进行水果撕贴画活动。

## 水果彩糊画

### 内容概述

准备好彩糊，让婴幼儿用手蘸满彩糊，然后按压在白色画图纸上的水果（如苹果、木瓜、菠萝等）轮廓内。活动目的在于增进婴幼儿对水果外形的认识，促进他们的小肌肉操作能力发展。

**实施要点**

对于 1 岁以下的婴儿，托育人员要多给予他们鼓励与示范，必要时握着他们的手蘸彩糊作画。对于 1—2 岁幼儿，托育人员可以先让他们尝试作画，然后鼓励他们运用不同的方式作画，比如，问他们："手只能这样印吗？有不同的印的方式吗？"托育人员也可以在旁平行作画，以引发幼儿的模仿行为，激发他们的创意。对于 2—3 岁幼儿，应尽量鼓励他们独自完成以上工作，并请他们思考还有哪些作画方式。如果幼儿能完成，那么鼓励他们在没有事先画好轮廓的画图纸上进行水果彩糊画活动。

### 我最喜欢吃 ××

**内容概述**

托育人员运用水果模型与《我的朋友在哪里》儿歌的曲调，与婴幼儿进行对唱。比如，托育人员唱："一二三四五六七，你最喜欢吃什么？吃什么？吃什么？"婴幼儿回唱"我最喜欢吃草莓！"或"草莓！"。活动目的在于借助欢快的儿歌促进婴幼儿的口头表达能力发展。

**实施要点**

对于 1 岁以下的婴儿，托育人员播放音乐，一边唱儿歌一边拿出水果模型与婴儿欢乐互动，并且允许婴儿以指认、点头、摇头或其他方式示意自己最喜欢的水果，但不强求。对于 1—2 岁幼儿，托育人员唱："一二三四五六七，你最喜欢吃什么？吃什么？吃什么？"允许幼儿只说不唱，也允许还不会说话的幼儿以指认的方式表达意思。对于 2 岁以上表达能力较佳的幼儿，鼓励他们在回唱（说）后试着说出为什么，比如："我最喜欢吃草莓，因为它甜甜的，很好吃。"

### 身体动作游戏：香蕉弯，苹果圆

**内容概述**

借助《我的水果宝宝》与《水果水果捉迷藏》里所描述的水果特征，引导婴幼儿用身体表现某种水果的特征。

实施要点

对于0—1岁婴儿，托育人员运用真实的水果与肢体语言表现水果的特征，如圆圆的苹果、弯弯的香蕉、大大的西瓜等，加深婴儿对水果的认识。对于1—2岁幼儿，尽量请他们先思考再尝试用身体表现水果的特征。在这个过程中，托育人员可视幼儿的表现在旁给予提示或示范，期待他们能模仿或激发他们的创意。对于2—3岁幼儿，应尽量鼓励他们用身体直接表现水果的特征，并且挑战更难表现的水果，如菠萝、榴梿等。必要时，托育人员给予提示。

## （二）区域游戏和探索活动

### 绘本：《好吃的水果》

实施要点

该绘本是信息类图书，里面包含很多水果的图片。在共读完其他有关水果的绘本后，托育人员提醒婴幼儿注意绘本故事区里的该绘本并阅读它。

### 水 果 拼 图

实施要点

根据共读绘本中提及的水果自制水果拼图，并将它们投放到玩具操作区或益智区，供婴幼儿自行探索。

### 水果对对碰

实施要点

将水果模型与水果图卡投放到玩具操作区或益智区，让婴幼儿一一配对，如草莓图卡配对草莓模型。

水 果 分 类

实施要点

在玩具操作区或益智区，让婴幼儿按照颜色、大小等将一篮水果模型分类放置。

水 果 蜡 笔 画

实施要点

在艺术创作区准备水果模型、水果图片、粗大的蜡笔与画图纸，让婴幼儿自行涂鸦绘画。此活动适合2岁以上的幼儿。

黑色与彩色的对话：猜猜看

实施要点

在玩具操作区或益智区，将水果图片涂黑制成水果的影子图片，配合着彩色的水果图卡，让婴幼儿猜谜并配对。

## 二、内部有什么秘密

"内部有什么秘密"概念涉及的小组游戏和探索活动以及区域游戏和探索活动如下所示。

## （一）小组游戏和探索活动

共读《看，水果是这样的》

内容概述

该绘本一共介绍了苹果、奇异果、草莓、樱桃、葡萄等九种水果，它的结构是：前一页呈现一半的水果图（切面），并伴随"这是什么？"文字，翻页则呈现外观较为完整的水果图（只含一小部分切面），并伴随"答对了！是××"（水果名）文字。这种呈现方式有助于婴幼儿探索水果内部有什么秘密。共读完后，托育人员将该绘本投放到绘本故事区，供婴幼儿自由阅读。

实施要点

对于0—1岁婴儿，托育人员朗读绘本并配合丰富的肢体语言，帮助婴儿理解绘本内容；也可试着邀请婴儿指认或仿说自己最喜欢的水果，但不强求。对于1—2岁幼儿，托育人员在与他们共读时，可以邀请他们先猜测（说出）这是什么水果，再翻页验证，或者邀请他们仿说、指认水果名称。托育人员可以指着水果的切面，引导幼儿注意到种子的存在。对于2—3岁幼儿，除了邀请他们猜测、验证、命名水果外，托育人员还可以指着种子询问他们："这是什么？都长得一样吗？与水果有什么样的关系？"借此引发幼儿的进一步探究。

## 种子大集合：猜一猜

内容概述

托育人员拿出几种常见水果的种子，如枇杷、木瓜、橘子、桃子、葡萄的种子等，问婴幼儿："这些种子是我从水果里取出来的。请你们猜猜看，它们分别是哪一种水果的种子？"在婴幼儿猜测后，切开各个水果以验证答案。托育人员也可以拿起水果，问婴幼儿："猜猜里面的种子是大的还是小的？""是一个还是很多个？"然后，切开各个水果以验证答案。活动目的是引导婴幼儿发现，每种水果都有种子且种子各种各样。

实施要点

本活动旨在扩展婴幼儿在水果及其种子方面的经验，所以对于0—1岁婴儿，托育人员可以先配合肢体语言自行猜测、验证，然后指着各种不同的种子说："好多不同的种子，它们长得都不一样！"对于1—2岁幼儿，除了邀请他们猜测、验证是哪种水果的种子外，托育人员还可以视他们的能力请他们说出、指认或仿说水果名称，重点在于引导他们粗略认识到种子的种类非常丰富。对于2—3岁语言表达能力较好的幼儿，可以请他们说出一些水果名称，甚至可以鼓励他们试着描述种子的外观、形态，如黑黑亮亮的、小小圆圆的等。

### 种子大不同

**内容概述**

本活动是上一个活动的延伸。托育人员指着切开的各种水果里的种子问婴幼儿："这些种子看起来怎么样？""有人说，它们都不一样，哪里不一样？"让婴幼儿观察、比较与探索水果的种子，在这个过程中给婴幼儿提供放大镜，鼓励他们仔细观察，加深他们对种子多样性的认识，培养他们的探究能力。

**实施要点**

对于0—1岁婴儿，托育人员在呈现了各种种子后描述它们的不同之处，比如：木瓜有很多种子，颜色黑黑的、密密麻麻的；杧果只有一个种子，大大的、扁扁的……在与1—2岁幼儿互动时，托育人员运用"对话补说"策略帮助他们简单表达种子之间的不同之处。对于2—3岁幼儿，托育人员则视他们的语言能力发展情况，尽量邀请他们说出种子间的具体不同或特征，必要时运用"对话补说"策略予以协助。种子的颜色、外形、大小都有可能不同，当1—3岁幼儿仅聚焦于种子的一种属性如形状进行比较时，托育人员可以问"只有形状不同吗？还有什么不一样的地方？"，鼓励他们进行多角度思考。

### 共读《小种子，快长大（水果篇）》

**内容概述**

该绘本一共介绍了橘子、草莓、杨桃、西瓜、柿子五种水果，其中左页（跨部分右页）呈现了大幅带枝叶的水果照片，右页的文字结构为"小小种子发芽了！越长越×，越长越×，××色的花会变出什么呢？啊，××！……"水果种子从在土里发芽到长叶、开花、结果的完整历程，通过右页侧面可拉动的小折页图片呈现出来，有助于婴幼儿理解种子的神奇及种子与水果之间的关系。共读完后，托育人员可将该绘本投放到绘本故事区，供婴幼儿自由阅读。

**实施要点**

对于0—1岁婴儿，托育人员在与他们共读时可以搭配丰富的肢体语言，帮助他们理解绘本内容，并让他们试着拉动侧面的小折页。在与1—2岁幼儿共读时，托育人员在念到"啊"的时候，引导幼儿立即说出水果名称，或者是仿说、指认水果。对于2—3岁幼儿，除了邀请他们说出水果名称、朗读更多的重复性句子（如越长越高，越长越高）外，托育人员还可以询问他们："侧边小折页图片中的五种水果，有什么一样的地方？"如果幼儿感兴趣，那么托育人员可以与他们进一步谈论花的颜色、植物的外形等。

## 种子发芽了

### 内容概述

在与婴幼儿共读了《小种子，快长大（水果篇）》后，给婴幼儿提供放大镜，让他们再次观察种子，然后搜集生长周期较短的水果的种子，如草莓、西红柿的种子等，让婴幼儿亲手种下，并在生长过程中轮流照顾它们。活动目的在于帮助婴幼儿巩固种子可以发芽长成植物的概念。共读完后，将该绘本投放到绘本故事区，供婴幼儿自由阅读。

### 实施要点

本活动旨在扩展婴幼儿的经验，所以对于0—1岁婴儿来说，虽然以托育人员种植与照顾植物为主，但这仍然是一个宝贵的经验。对于1—2岁幼儿，托育人员可以邀请他们预测种下去的种子下一步会变成什么，并进行观察与验证，平日则轮流给种子浇水。对于2—3岁幼儿，托育人员可在他们种植后邀请他们通过涂鸦记录种子的生长过程，并且与《小种子，快长大（水果篇）》绘本中所呈现的种子的生长历程进行对比。如果婴幼儿的果树种植活动失败，那么可由下一个活动来弥补。

## 探索果树小盆栽

### 内容概述

在班级的走廊上准备一些果树（如金橘）小盆栽，告诉婴幼儿它们是从一粒粒小种子长成这样的，托育人员可引导婴幼儿通过对照《小种子，快长大（水果篇）》绘本看一看盆栽处于哪一个生长阶段。活动目的在于扩展婴幼儿的种植经验，帮助他们初步了解水果的由来。

实施要点

幸运的话，盆栽会引来蝴蝶、蜜蜂等昆虫。如果婴幼儿能采食这些盆栽的果实，那么他们就能丰富自己的经验。对于1—2岁幼儿，尽量让他们照顾盆栽（如轮流浇水）、探究植物的生长历程，并且视他们的能力发展情况引导他们进行简单的口语表达或仿说。对于2—3岁幼儿，除了邀请他们照顾与探究盆栽的生长外，托育人员还可以鼓励他们独自表达观察到的内容，甚至通过涂鸦记录盆栽的生长过程。无论是对1—2岁幼儿还是2—3岁幼儿，托育人员都可酌情运用"对话补说"策略协助他们表达。

## （二）区域游戏和探索活动

### 种子排队比一比

实施要点

在益智区或玩具操作区，将较大颗的水果种子，如杧果、桃子、榴梿、牛油果、龙眼、荔枝、李子的种子等，加以洗净、晒干与消毒，让婴幼儿比较它们的大小并对它们排序。

### 种子认亲配对

实施要点

将常见水果的种子洗净、晒干、消毒后放在透明袋子中，然后连同水果图片数张，一起投放到益智区或玩具操作区，让婴幼儿将种子与图片配对。1—3岁幼儿也可运用能看到种子的水果剖面图片，与实际的种子进行配对。

## 三、真好吃啊

"真好吃啊"概念涉及的小组游戏和探索活动以及区域游戏和探索活动如下所示。

## （一）小组游戏和探索活动

### 共读《爱吃水果的牛》

内容概述

该绘本描述了在一个长满各种果树的森林里，住了一只非常爱吃水果的牛，主人每天喂它吃各种好吃的水果。在主人与邻居感冒生病时，只有它没有生病，它提供了草莓牛奶、香蕉牛奶、苹果牛奶、葡萄牛奶等，让生病的主人与邻居们恢复健康，最后邻居也成了爱吃水果的人。该绘本向婴幼儿指出了水果对身体的益处。共读完后，托育人员可将该绘本投放到绘本故事区，供婴幼儿自由阅读。

实施要点

对于0—1岁婴儿，托育人员朗读绘本并辅以丰富的肢体语言，帮助婴儿理解绘本内容。托育人员可以试着请婴儿仿说"牛"，但不强求；也可以问婴儿，牛或爱吃水果的牛在哪里，请他们指认。因为水果与水果牛奶是该共读活动的重点，因此在与1—2岁幼儿共读时，托育人员可试着问他们："这是什么水果？""加了牛奶变成了什么？"请幼儿说出、仿说或指认。对于2—3岁幼儿，则尽量让他们直接说出水果或水果牛奶的名称，并且问他们还可以制作哪种水果牛奶。

### 共读《好饿的毛毛虫》

内容概述

该绘本既适合"可爱的动物"主题，也适合"好吃的水果"主题。它描述了一只毛毛虫很饿很饿，它从星期一到星期六吃了很多水果，食量与日俱增，然后在星期天吃了一片嫩绿的叶子后变成又肥又大的毛毛虫，最后变成一只漂亮的蝴蝶。婴幼儿可把手指当毛毛虫钻过页面上的苹果、梨子、草莓等水果的图片，从而感受毛毛虫的蠕动，了解毛毛虫吃的水果。

实施要点

在与0—1岁婴儿共读时，托育人员可以配合丰富的肢体语言朗读绘本内容，并抓着他们的手钻过页面上的水果图片；也可以试着邀请婴儿仿说毛毛虫和它最喜欢吃的水果，但不强求；还可以问婴儿，毛毛虫和它最喜欢的水果在哪里，请他们指认。在与1—2岁幼儿共读时，除了邀请他们用手指钻过水果图片外，还可以鼓励他们跟着一起念读毛毛虫吃的水果，但不要求读得完全正确。对于2—3岁幼儿，则尽量让他们预测下一页的文字，看图试着独自朗读句子，最后问他们："毛毛虫喜欢吃哪些水果？""你最喜欢吃什么水果？"

### 我是小帮手：制作果汁

**内容概述**

在共读完《爱吃水果的牛》绘本后，托育人员带着婴幼儿为点心时间制作果汁，如苹果汁、橙子汁、木瓜汁等。首先问婴幼儿怎么把水果变成汁，在让他们思考片刻后引入削皮器、手动榨汁器、果汁机，向婴幼儿介绍它们是给人类生活带来便利的工具，然后鼓励婴幼儿尝试使用，并引导他们注意果汁机、手动榨汁器的工作状态。活动目的在于带领婴幼儿体验与探究如何制作果汁，并认识给生活带来便利的小工具。

**实施要点**

在0—1岁婴儿触摸与观察这些水果后，托育人员一边制作果汁一边解说自己正在做什么，随即在点心时间请婴儿享用制作好的果汁。1—2岁幼儿虽然需要托育人员帮助他们给水果削皮或切块，但是他们可以帮忙清洗和擦干水果，用塑料刀切较软的水果，将水果块放入果汁机中，准备杯子、餐巾纸等。2—3岁幼儿可用削皮器削果皮，将切好的水果放入榨汁器榨成汁，并将榨好的果汁倒入杯中等。整个制作过程均需注意卫生，制作前必须洗手，必要时戴塑料手套。很重要的一点是，夸赞婴幼儿的表现，说他们是能干的小帮手。

### 我是小帮手：制作混合果汁

**内容概述**

托育人员带着婴幼儿为点心时间制作混合果汁，可以让婴幼儿决定制作什么口味的混合果汁，而且制作至少两种不同的混合果汁，让婴幼儿可以比较它们的口感和自己对它们的喜爱度。当将不同的水果放入果汁机时，先向婴幼儿介绍果汁机是给人类生活带来便利的工具。榨汁时，引导婴幼儿注意果汁机的工作状态以及榨汁前后水果颜色的变化。活动目的在于带领婴幼儿体验与探究如何制作混合果汁，并认识给生活带来便利的小工具。

实施要点

在0—1岁婴儿触摸与观察了这些水果后，托育人员可以一边制作混合果汁一边解说自己正在做什么，随即在点心时间请婴儿享用制作好的果汁。1—2岁幼儿虽然需要托育人员帮助他们给水果削皮或切块，但是他们可帮忙清洗与擦干水果，用塑料刀切较软的水果。在饮用混合果汁时，邀请幼儿说出自己最喜欢哪种混合果汁，计数人数并了解他们对果汁的喜爱度。2—3岁幼儿可用削皮器削果皮，将榨好的混合果汁倒入杯中，并在托育人员的协助下比较和表达不同混合果汁的口感。整个制作过程均需注意卫生，制作前必须洗手，必要时戴塑料手套。很重要的一点是，夸赞婴幼儿的表现，说他们是能干的小帮手。

### 我是小帮手：制作苹果泥

内容概述

托育人员拿出提前制作好的苹果泥，先请婴幼儿闻一闻并猜一猜这是什么。然后出示苹果，问婴幼儿怎么用硬硬的苹果制作苹果泥。让婴幼儿思考一会儿，之后顺势引出磨泥器，托育人员一边示范如何使用磨泥器，一边向婴幼儿介绍它是给人类生活带来便利的工具。活动目的在于带领婴幼儿体验和探究如何制作苹果泥，并认识给生活带来便利的小工具。

实施要点

在0—1岁婴儿触摸和观察了苹果后，托育人员一边制作苹果泥一边解说自己正在做什么，然后在点心时间请婴儿享用制作好的苹果泥。1—2岁幼儿参与清洗、擦干和切苹果的工作。2—3岁幼儿则尽量戴着手套削苹果皮，并试着磨出苹果泥，托育人员应提醒他们注意磨苹果泥的动作。整个制作过程需要注意卫生；制作前必须洗手。很重要的一点是，夸赞婴幼儿的表现，说他们是能干的小帮手。

## 我是小帮手：制作木瓜牛奶

**内容概述**

告诉婴幼儿今天要制作《爱吃水果的牛》绘本中提及的木瓜牛奶，问婴幼儿："木瓜牛奶是由什么水果加牛奶制作而成的？怎么做才能将木瓜变成流动的液体状？"在让婴幼儿思考一会儿后，托育人员出示软软的木瓜，开始准备制作木瓜牛奶。活动目的在于带领婴幼儿体验和探究如何制作木瓜牛奶，并认识给生活带来便利的小工具。

**实施要点**

在0—1岁婴儿触摸和观察了木瓜后，托育人员一边制作木瓜牛奶一边解说自己正在做什么。对于1—2岁幼儿，托育人员可以先将木瓜对半切开，然后协助幼儿用汤匙将木瓜里的种子挖出。2—3岁幼儿则用汤匙将木瓜果肉挖出，再将果肉与牛奶放入果汁机中搅打。搅打果汁时，请幼儿观察果汁机的工作状态，为接下来的身体动作游戏奠定基础。同样地，准备杯子、餐巾纸以及将榨好的果汁倒入杯中等工作，也可让2—3岁幼儿参与。整个制作过程需要注意卫生，制作前必须洗手，必要时戴塑料手套。很重要的一点是，夸赞婴幼儿的表现，说他们是能干的小帮手。

## 吃吃说说1：混合水果盘

**内容概述**

准备五颜六色的水果，告诉婴幼儿要为点心时间制作混合水果盘。活动目的是在一系列主题活动后，确认婴幼儿认识各种水果，并注重水果摆盘的美感（先由托育人员示范与解说，为区域里的水果篮装饰活动奠定基础）。

**实施要点**

在托育人员的示范与协助下，婴幼儿参与部分制作与准备工作，比如，1—

2 岁幼儿挖出木瓜里的种子、用塑料刀切较软的水果等，2—3 岁幼儿用削皮器削苹果皮等。制作完后，托育人员先在婴幼儿的盘中摆放少量切好块的水果，问他们盘子中有什么水果，请他们说出、指认或仿说水果的名称。当婴幼儿想再吃一些水果时，请他们说要吃什么水果或指认、仿说水果的名称。整个制作过程需要注意卫生，制作前必须洗手，必要时戴手套。很重要的一点是，夸赞婴幼儿的表现，说他们是能干的小帮手。

### 吃吃说说 2：混合水果沙拉

**内容概述**

准备五颜六色的水果，告诉婴幼儿要为点心时间制作混合水果沙拉。活动目的是确认婴幼儿认识各种水果，并且注重水果摆盘的美感（先由托育人员示范与解说，为区域里的水果篮装饰活动奠定基础）。

**实施要点**

操作步骤同上一个活动，不同的是在准备好各种水果后，加上一点果醋搅拌一下。

### 改编儿歌《大象》

**内容概述**

运用儿歌《大象》的曲调，改编其中的歌词。比如，把"大象！大象！你的鼻子怎么那么长？妈妈说，鼻子长才漂亮！"改编成"苹果！苹果！你的味道怎么那么甜？妈妈说，味道甜才好吃！"。活动目的是通过儿歌欢快的旋律帮助婴幼儿进一步了解水果的特征，促进他们表征能力的发展，并在改编中提升他们的创造力与口头表达能力。

**实施要点**

对于 0—1 岁婴儿，托育人员可拿出水果模型，一边指着该水果的特征一边哼唱改编的歌词。对于 1—2 岁幼儿，在确认他们对儿歌旋律熟悉的情况下，托育人员可以先提示某种水果的特征，引导他们将该水果代入儿歌中。如果幼儿没有做出反应，那么可以给他们做示范，比如："西瓜！西瓜！你的身体怎么那么大？妈妈说，身体大才好吃！"之后，向幼儿提示或提问其他水果的特征，如柠檬的味道酸、榴梿的味道臭，引导幼儿结合动作将这些水果代入儿歌中。对于2—3岁幼儿，在确认他们对儿歌旋律熟悉的前提下，托育人员可以引导他们试着自行改编成其他水果，甚至视幼儿的能力提出更高的要求，比如，把"才好吃"改编成"才有营养""才有特色"等。

### 身体动作游戏：水果点心进行曲

**内容概述**

本活动是让婴幼儿运用身体表征水果点心制作的过程，比如，用身体表征榨汁器榨橙子汁时的压与转动作、果汁机打果汁时的快速转动与混合动作、磨泥器磨制苹果泥时的来回摩擦动作等。托育人员可播放节奏鲜明的音乐，让婴幼儿假装是橙子在榨汁器里被挤压出果汁，假装是苹果在磨泥器上被来回地摩擦，假装是果汁机正在旋转与搅打各种水果。活动目的在于引导婴幼儿意识到生活中的小家电或工具的作用与运作，促进他们的身体动作发展。

**实施要点**

对于1岁以下还不会走路的婴儿，托育人员可以一边说榨橙子汁、打果汁、磨苹果泥，一边抱着他们做出旋转、来回摩擦等动作，或者拉起他们的手做出以上动作。对于1—2岁会走路的幼儿，托育人员可以先带领他们回忆先前制作果汁与磨苹果泥的经验，然后用身体表征动作；如果幼儿没有做出回应，那么托育人员可以提示他们，比如："果汁机是怎么动的？怎么做出果汁的？"必要时，托育人员可以亲身示范动作，以引起幼儿的模仿。2—3岁幼儿可以在托育人员的少量提示下，用身体表征这些工具在制作水果点心时的动作。

## （二）区域游戏和探索活动

### 绘本：《好大的红苹果》

实施要点

该绘本描述了树上长了五个大大的红苹果，被小熊、小松鼠、乌鸦、小老鼠分别拿走了一个，最后剩下一个掉下来，被小蚂蚁们吃了。每次动物拿走苹果时都会说："我要吃啰！"婴幼儿已经在"可爱的动物"主题中与托育人员共读过该绘本，托育人员可将它投放到绘本故事区，既可以帮助幼儿复习上个主题中有关动物的知识，又可以引出制作苹果汁、苹果泥的活动。

## 四、水果保存

"水果保存"概念下的活动涉及较硬的果干、较甜的水果罐头、较凉的冰冻水果等，因为年龄较小的婴儿不太适合吃这些食物（在开展活动时，会让婴儿少量试吃），所以活动对象以1—3岁幼儿为主，不过在开展活动时仍要提醒幼儿不宜多吃。

## （一）小组游戏和探索活动

### 果干大集合：猜猜我是谁变的

内容概述

在幼儿充分认识了各种水果后，托育人员出示各种新鲜的水果，并一一拿出由它们制作的果干，请幼儿猜猜这是哪一种水果的果干。若幼儿猜不出，那么可以让他们试吃一点后再猜。活动目的在于帮助幼儿探索与了解各种果干与水果的保存方法。

实施要点

对于1—2岁幼儿，托育人员可以运用"对话补说"策略鼓励他们说明为什么如此猜测，但不强求。对于2—3岁幼儿，除了让他们说明为何如此猜测外，还可以问问他们果干与新鲜的水果有什么不一样的地方。在幼儿一一配对后，问他们这些果干有什么共同的特征，如都是干干的、皱皱的、甜甜的。必要时，托育人员可以酌情运用"对话补说"策略协助幼儿表达。此外，托育人员还应引导幼儿认识到果干是用新鲜的水果风干或烤干而成的，是保存水果的一种方法，种类多样，但是甜度很高，不宜多食。

### 我是小帮手：制作木瓜干

**内容概述**

告诉幼儿今天要制作木瓜干。之所以选择木瓜，是因为它很软，也容易消化。幼儿可以用塑料刀将木瓜切片，并帮忙清洗、擦干，然后托育人员把木瓜片放入烤箱中烘烤。活动目的在于帮助幼儿认识与探索果干是如何制作的以及水果的保存方法。

**实施要点**

制作好木瓜干后，请幼儿食用一些，并问他们："为什么要把木瓜片放入烤箱？"托育人员视幼儿的表现酌情运用"对话补说"策略，协助他们比较并表达新鲜的木瓜与木瓜干在口感上的差异。整个制作过程需要注意卫生，制作前必须洗手，必要时戴手套。很重要的一点是，夸赞幼儿的表现，说他们是能干的小帮手。

### 我最喜欢吃××干

**内容概述**

采用儿歌《我的朋友在哪里》的曲调，托育人员与幼儿对唱喜欢吃什么水果干。活动目的在于借助欢快的儿歌促进幼儿的口头表达能力发展。

**实施要点**

对于1—2岁幼儿，托育人员唱："一二三四五六七，你最喜欢吃什么？吃什么？吃什么？"允许幼儿只说不唱，也允许还不会说话的幼儿以指认的方式表达意思。鼓励2岁以上表达能力较好的幼儿，在回唱（说）后试着说出原因，比如："我最喜欢吃草莓干，因为它甜甜酸酸的，很好吃。"

### 水果罐头与"本尊"的对话

**内容概述**

托育人员拿出各种水果罐头,如水蜜桃、菠萝、橘子罐头等,先请幼儿观察水果在哪里,然后告诉幼儿通过罐头密封的方式也可以保存水果。之后,当着幼儿的面用开罐器打开罐头,取出里面的水果,并将其与新鲜的水果并排摆放。活动目的在于帮助幼儿认识与探究水果罐头以及水果的保存方法,并促进幼儿的口头表达能力发展。在这个过程中,托育人员也可以向幼儿介绍开罐器给人类生活带来的便利,为 STEM 教育奠定基础。

**实施要点**

先让 1—2 岁幼儿少量试吃水果罐头,然后托育人员运用"对话补说"策略协助他们比较并表达新鲜水果与水果罐头的异同。对于 2—3 岁幼儿,托育人员可以先让他们试吃一点水果罐头,然后尽量让他们独自表达水果罐头与新鲜水果的具体异同,如色泽、形状、口感、味道等,必要时运用"对话补说"策略协助他们表达。当幼儿提到水果罐头很甜、很好吃时,托育人员可以借机告诉他们很多水果罐头里都添加了糖,对身体健康不利,所以我们最好吃新鲜的水果。

### 我是小帮手:制作果酱

**内容概述**

拿出苹果与苹果酱让幼儿观察并少量试吃,问他们口感有什么不同以及苹果酱是如何制作的,也就是如何把又大又硬的苹果变成黏稠状的苹果酱。先让幼儿思考,然后告诉他们在水果里加糖并对其加热,也是一种保存水果的方法。果干与果酱的制作都丰富了幼儿的生活经验,本活动的目的在于帮助幼儿认识与探究果酱是如何制作的以及水果的保存方法。

**实施要点**

虽然制作果酱的过程多半由托育人员负责,但是托育人员可以视幼儿的能力发展情况让他们在一旁帮忙。比如,1—2 岁幼儿可以帮忙清洗、擦干水果并将水果放入锅中，2—3岁幼儿可以帮忙用削皮器削苹果皮以及等果酱晾凉后将它们放入小罐中。与上一个活动相同，托育人员可酌情运用"对话补说"策略协助幼儿表达苹果酱与新鲜苹果的异同，包括色泽、形状、口感、味道等。

### 冰冻水果与"本尊"的对话

内容概述

托育人员拿出冰冻的草莓让幼儿观察，告诉幼儿这是从冰箱里拿出来的，冰冻水果也是保存水果的方法之一，请幼儿猜猜它是什么水果。之后，再拿出新鲜的草莓，请幼儿比较它与冰冻的草莓有何不同。活动目的是帮助幼儿认识与探究冰冻水果以及水果的保存方法，并促进幼儿的口头表达能力发展。

实施要点

等冰冻的草莓不那么凉后，让幼儿少量试吃，并鼓励他们试着说出或仿说口感，如冰冰凉凉的、硬硬的。视幼儿的语言能力发展情况，请他们说出、指认或仿说"草莓"。此外，托育人员还可以运用"对话补说"策略协助1—2岁幼儿比较并表达冰冻草莓与新鲜草莓的异同。对于2—3岁幼儿，尽量请他们独自表达，必要时可运用"对话补说"策略协助他们表达。

## （二）区域游戏和探索活动

### 亲子活动：水果超市行

实施要点

请家长在节假日带着孩子到水果超市逛逛，认识各种各样的水果并购买幼儿喜欢的水果，回家后一起享用。

### 绘本：《我爱吃水果》（操作书）

实施要点

该绘本是一本操作书，介绍了葡萄、橘子、樱桃、奇异果、香蕉、草莓等十余种水果。幼儿转转手指，页面上就露出了桃子的种子等。托育人员可将该绘本放在绘本故事区，供幼儿自由阅读。

**果干认亲配对**

实施要点

在玩具操作区或益智区，投放各种果干的照片与各种新鲜水果的图卡，让幼儿给果干与水果配对。

**水果篮装饰：模式**

实施要点

在艺术创作区或益智区投放各种水果模型与一个大提篮，让幼儿将水果模型放入篮子中并摆出各种模式，比如，中间四个大红苹果，四周围绕着"绿色的枣子、金黄色的橘子、土色的奇异果、绿色的枣子、金黄色的橘子、土色的奇异果"。排列模式有助于发展幼儿的逻辑思考与表征能力。同时，不同水果的颜色也营造出一种美感。

# 婴幼儿教保课程结论与建议

本章首先总结了 0—3 岁婴幼儿发展适宜性教保课程的重要观点，其次论述了婴幼儿教保课程在实践中的样貌并提出了相关的具体建议。这些建议主要是围绕如何实施婴幼儿教保课程提出的，涉及政策、专业发展系统、托育机构与托育人员等多个层面。

## 第一节　婴幼儿教保课程应然之道

本书在综合分析了诸多婴幼儿发展与课程文献、实证研究成果后，阐述了以下内容。

### 一、发展适宜性教育的由来

"发展适宜性教育"一词来自美国幼儿教育协会发表的有关 0—8 岁儿童发展适宜性教育的立场声明。美国幼儿教育协会将发展适宜性教育定义为："以优势和游戏为基础，让幼儿生动活泼地学习以促进每个幼儿最佳发展与学习的方法。"（NAEYC，2020，p.5）显然，促进幼儿的发展与学习是发展适宜性教育的关键。婴幼儿教保课程要符合婴幼儿的年龄发展特点，满足婴幼儿的个体差异需求，顾及婴幼儿的文化背景，即具有年龄适宜性、个体适宜性与文化适宜性。

## 二、发展适宜性教育的内涵

发展适宜性教育是由一组彼此相嵌的理念所构成的框架，各理念间相互依存、关系密切。它基于社会文化论，强调托育人员在与婴幼儿及其家庭建立良好关系的基础上，关注婴幼儿的身心全面发展与教保课程在园育成，并在持续评价婴幼儿发展的情况下，运用均衡适宜的课程、保育作息即课程、游戏和探索即课程、鹰架婴幼儿的学习等四项核心实践，以达到促进每个婴幼儿最佳发展与学习的目的。无论是自行设计的课程，还是采用现成的课程，托育机构相关人员都要理解所实施的课程，并在实施后通过定期评价与调整，使其成为符合本托育机构婴幼儿发展需求的课程。

## 三、婴幼儿发展与教保原则

婴幼儿全面发展是发展适宜性教育的课程关注焦点，婴幼儿发展趋势与相对应的教保原则如下所示。

### （一）社会情绪领域

婴幼儿的情绪体验与社会性发展源自他们与照护者之间的关系，然后才是同伴关系。与照护者之间的关系影响婴幼儿的情绪调节能力、人际交往能力、世界观的形成等。当婴幼儿面对不确定或不熟悉的状况时，他们大多仰赖照护者的面部表情作为社会性参照来引导自己的情绪与行为。因此，托育人员应遵循的教保原则为：（1）以关爱之心敏锐且愉悦地回应婴幼儿的需求；（2）创设可疏解婴幼儿不良情绪的环境；（3）示范与协助婴幼儿调节情绪；（4）为婴幼儿安排与他人发生关联的经验；（5）鼓励与示范亲社会行为；（6）鼓励与引导婴幼儿解决社会冲突。

### （二）身体动作领域

婴幼儿的身体动作发展是由上而下、由中而外、由大肌肉群至小肌肉群的。它们以系统的方式发展而非个别动作孤立地发展。在发展过程中，婴幼儿必须经常练习，以巩固各项身体动作技巧。很多因素影响婴幼儿的身体动作发展，尤其是激发动作技能的目标与外在环境的支持，而当这些因素建立在婴幼儿与照护者的亲密关系的基础上时，它们更有利于婴幼儿的身体动作发展。因此，托育人员应遵循的教保原则为：（1）以多种姿势与婴幼儿互动，并为其提供练习的机会；（2）为婴幼儿提供安全、适度开放的环境与适宜的挑战；（3）为婴幼儿提供促进其大、小肌肉发展的游戏与玩具；（4）重视每日的户外时间；（5）强调生活自理技能的培养；（6）鼓励婴幼儿自由探索并适度地激发其动机。

### （三）认知领域

婴幼儿认知的发展经历了从简单思考、无意图行为，到有意图行为、心理表征，再到完整的物体永恒概念与复杂思考的过程。婴幼儿的发展与学习深受社会文化的影响，同时亲密关系又是婴幼儿对外探索的安全堡垒，所以在一个充满关爱氛围的共同体中游戏和探索并得到托育人员的支持，对婴幼儿的认知发展至关重要。综合来看，托育人员应遵循的教保原则为：（1）与婴幼儿亲密互动；（2）提供吸引婴幼儿投入其中的游戏和探索环境；（3）提供有趣且有益于婴幼儿思考或创造的经验；（4）示范有利于婴幼儿认知发展的行为；（5）鼓励婴幼儿保持好奇心、解答疑惑与解决问题；（6）鹰架婴幼儿的游戏和探索。

### （四）语言领域

婴幼儿的语言发展经历了从不能会意到逐渐会意，从单字句、双字句到复杂句的过程，而且接受性语言是表达性语言的基础，因此成人在婴幼儿还不会说话时就要与其对话。从语言发展的交互作用观点出发，先天能力、互动与模仿都对婴幼儿的语言发展有一定作用，因此以爱为基础的能与婴幼儿建立亲密关系的回应性互动，有助于婴幼儿在多听后模仿、练习语言。为了促进婴幼儿的语言发展，托育人员应遵循的教保原则为：（1）在亲密关系中运用回应性互动技巧；（2）创设丰富的语言环境；（3）在保育作息情境中、游戏和探索情境中、绘本共读情境中、歌谣乐舞情境中、新鲜情境中与婴幼儿进行回应性互动；（4）适度鹰架婴幼儿以促进其语言发展。

### （五）各阶段教保重点

从婴幼儿发展的纵向角度出发，0—8 个月婴儿的教保重点在于：建立亲密的情感联结与安全型依附关系，让婴儿在爱中得到充分滋养，满足他们的生理和心理需求。9—18 个月婴儿的教保重点在于：珍视婴儿自由探索的重要性，创设安全、适度开放的环境，提供有趣且有益于婴儿思考或创造的玩教具，以便他们尽情游戏和探索，进而建构知识与理解世界。19—36 个月幼儿的教保重点在于：建立基于尊重与爱的回应性关系，让幼儿适当地表达想法或抒发情绪，但也适时地解释制定常规、做出限制与提出要求的原因，在关爱、尊重中温和而坚定地执行生活常规。

### （六）共通教保原则

除了各领域有其自身特殊的教保原则外，它们还有一些共通的教保原则：与婴幼儿建立关系、规划环境、搭建鹰架，以及以游戏和探索为主、以模仿和练习为辅。也就是说，在对婴幼儿开展教保活动时，托育人员需要遵循这四项共通的原则。此外，各领域教保原则需要建立在托育人员与家长的协作关系基础上，只有这样才能达到事半功倍的效果。

### 四、四项核心实践

婴幼儿发展适宜性课程的四项核心实践密切相关、相互支持，共同构成了婴幼儿教保课程的指导方针。

### （一）均衡适宜的课程

均衡适宜的课程是指：首先，教保课程要关注每个婴幼儿的全面发展（包括现在发展与潜在发展），因此教保课程要均衡地包含各发展领域的活动，不可偏重或偏废某些领域，同时也要包含具有一定挑战性的活动，以激发婴幼儿的潜在发展；其次，教保课程要关注婴幼儿发展的个体差异性，注重区域中的个体游戏和探索以及小组活动；最后，教保课程还要考虑影响婴幼儿发展的文化元素，将家庭文化和语言适度地融入课程，以期课程呈现出年龄适宜性、个体适宜性和文化适宜性。均衡适宜的课程具体实施方法为：（1）课程计划前，充分了解婴幼儿的发展概况；（2）课程计划当下，运用主题设计均衡适宜的课程；（3）课程实施时，激发婴幼儿的思考或探究，并对其进行多元评价。

### （二）保育作息即课程

保育作息即课程是指，保育生活环节如换尿布、如厕、饭前饭后清洁与收拾、睡觉、进餐、外出前后穿脱衣服、入园离园时的问候和道别等，是托育人员实施教育和婴幼儿进行学习的自然时刻。在这些环节，托育人员可与婴幼儿亲密对话、互动，让教育自然发生。此外，在保育作息中难免出现一些突发事件，它们也是实施教育的大好时机，因此托育人员应重视生活中蕴含的学习价值。值得一提的是，在计划以主题整合教保课程时，最好预先思考可以运用哪些保育生活时段，寓学习于生活，以提供对婴幼儿有意义的学习经验。保育作息即课程的具体实施方法为：（1）托育人员开启与婴幼儿的亲密互动；（2）婴幼儿参与保育活动；（3）托育人员以关爱之心敏锐地回应婴幼儿的需求。

### （三）游戏和探索即课程

游戏和探索即课程是指，游戏和探索是婴幼儿学习的主要方式，也是婴幼儿教保课程的主要内涵，婴幼儿教保课程中宜充满游戏和探索的成分，包括：创设室内外游戏和探索环境（尤其是活动室内的多元区域），提供具有发展适宜性的玩教具，以及设计和实施区域与小组游戏活动等。不过，游戏和探索虽然是婴幼儿认识世界的主要渠道，但是我们不能忽视模仿、练习等其他辅助方式，有时成人或同伴的示范也能促进婴幼儿的发展与学习，并激发他们的多种创意表现。游戏和探索即课程的具体实施方法为：（1）实施区域、小组游戏和探索活动；（2）规划安全、多元的区域游戏和探索环境；（3）提供安全、适宜、有趣且有益于婴幼儿思考或创造的玩教具；（4）创设室外游戏和探索环境并经常提供户外探索机会。

### （四）鹰架婴幼儿的学习

鹰架婴幼儿的学习是指，托育人员在照护婴幼儿的过程中或在教保活动中，不仅着眼于婴幼儿现阶段的发展，还针对婴幼儿的潜在发展提供具有一定挑战性的经验并给予各种支持与协助，使婴幼儿正在发展中的能力得到提升。鹰架婴幼儿学习的具体实施方法为：（1）与婴幼儿建立比亲密关系更进一步的相互主体性关系；（2）设计能激发婴幼儿潜能的挑战性活动；（3）帮助婴幼儿自我掌控技能或策略；（4）提供相互支持的多元鹰架；（5）给予温暖的回应与鼓励；（6）逐渐撤回协助的质与量。简而言之，被鹰架的婴幼儿的心智是活跃积极的，他们努力尝试成人所提供的策略，最终习得技巧或取得进步。

### 五、婴幼儿教保课程样貌

以上四项核心实践如同婴幼儿教保课程的指导方针，而其具体开展与实施就构成了婴幼儿教保课程。从课程与教学的四要素视角出发，婴幼儿教保课程与教学的目标是全人均衡发展、潜能延伸发展、个体发展适宜性；婴幼儿课程与教学的内容包含各发展领域与相关技能、保育作息活动、游戏和探索经验、社会文化与语言。婴幼儿教保课程与教学的方法有：了解婴幼儿的发展并与他们建立亲密关系，实施区域与小组游戏活动并善用生活中的学习机会，规划安全、适宜的室内外游戏和探索环境，激发婴幼儿思考或探究并为他们搭建鹰架，与家长建立伙伴关系。婴幼儿教保课程与教学的评价包括：定期观察、评价与记录婴幼儿的发展与学习状况，搜集多种评价资料并分析、比较与研讨，依据分析结果调整课程与教学并在园育成发展适宜性课程。此外，从课程与教学运作的角度出发，在设计方面，要符合课程与教学的目标和内容，呈现以主题整合的均衡适宜的课程，并含有适宜儿童发展的各领域活动；在实施方面，要运用上述教保课程的方法与评价措施，并配合各领域教保原则，尤其是四项共通原则。

### 六、课程与活动示例

基于婴幼儿发展适宜性教育的框架与四项核心实践，本书提供了四大领域的发展适宜性活动示例，每个领域包括六个活动，每个活动都涉及三个年龄段——0—1 岁、1—2 岁和 2—3 岁，所以总共 72 个活动。这些活动具有以下特性：（1）按照年龄逐渐深入；（2）具有复合性；（3）具有游戏性和探索性；（4）提供了鹰架与说明。

此外，婴幼儿的学习经验必须是有意义的、整合的与有深度的，因此本书也提供了两个符合婴幼儿发展适宜性教育框架的主题课程——"可爱的动物"与"好吃的水果"。主题课程示例包括可全览主题课程内容的主题课程网络图，它的绘制遵守"先概念后活动"的原则，让所设计的活动可以促进婴幼儿对主题概念的认识、理解或探究。此外，主题课程示例也包括主题下的发展适宜性活动简介，基本上每个主题包括 40 多个活动，而且每个活动也大致涉及三个年龄段。这些活动以小组和区域活动为主，必要时才进行全班集体活动。

### 七、婴幼儿教保课程与环境规划、保育作息密切相关

婴幼儿教保课程不仅涉及课程与教学，也关乎托育机构整体环境的规划和婴幼儿日常保育作息。首先，均衡适宜的婴幼儿教保课程必须通过环境规划予以落实。环境中的多元区域可以满足婴幼儿与生俱来的游戏和探索特点与个体差异性，实施"游戏和探索即课程"的核心实践。其次，托育机构内的所有人、事、物都是婴幼儿学习、探索的内容，即生活中蕴含无穷的学习机会。在生活中自然地学习，尤其是学习生活自理能力，对婴幼儿才是有意义的，也才能实

施"保育作息即课程"的核心实践。因此，婴幼儿教保课程与保育作息、环境规划紧密相关、无法分割，难怪课程、保育作息与环境常被称为广义的教保环境。均衡适宜的课程、游戏和探索即课程、保育作息即课程是彼此相关的，而以上三项核心实践的运作必须仰赖教师鹰架婴幼儿的学习，故四项核心实践间的关系极为密切。

## 第二节　婴幼儿教保课程实然之貌与相关建议

上一节阐述了婴幼儿教保课程的应然之道，然而教保课程的实然之貌又是怎样的？它与应然之道是否有出入？本节提出应对实然之貌的建议，期望有助于婴幼儿教保课程的实施。

### 一、婴幼儿教保课程实然之貌

坊间对托育机构、托育人员及婴幼儿教保课程等存在以下迷思。

### （一）对托育人员的迷思

托育人员直接与婴幼儿接触，他们与婴幼儿的关系直接影响发展适宜性教育的实施，而且托育人员也是教保课程的执行者，关乎教保课程的质量与成效。然而，人们通常认为照顾婴幼儿很简单，不需要高深的知识，只要喜欢孩子即可，因此托育人员的社会地位很低，导致他们在托育机构的待遇与薪资水平不高，尤其是在私立托育机构。其实，婴幼儿教保工作很辛苦，首先，托育人员不仅要给婴幼儿把屎把尿、将婴幼儿抱上抱下，而且必须忍受他们的啼哭闹腾，这对托育人员的体力和耐心提出了很高要求。其次，托育人员需要了解婴幼儿的发展与学习情况，以便设计发展适宜性活动，引导婴幼儿的发展与学习。再次，托育人员必须随时关注婴幼儿的健康状态，及时处理婴幼儿的疾病问题与意外事件。最后，托育人员还要与家长保持密切的伙伴关系，与他们勤沟通、多交流，以提供有质量的教保课程与服务。因此，托育人员的工作并不像一般人想象得那么简单与轻松。

喜欢孩子只是担任托育人员的"充分条件"，了解婴幼儿的发展与学习情况才是"必要条件"。托育人员需要满足的高标准与他们在现实社会中的低地位形成了巨大的反差，难怪托育机构人员流失率高，以致影响了婴幼儿教保的质量。

### （二）对托育工作的迷思

与婴幼儿建立良好关系，是促进婴幼儿全面发展的重要基础。而与婴幼儿建立良好关系最直接的方法是满足他们的生理与心理需求，以爱为基础与他们进行回应性互动。然而，坊间对于托育工作总有一些迷思，认为当婴幼儿哭闹时尽量不抱他们，以免宠坏他们！其实，这样做只会让婴幼儿感到失望、泄气，最终不是习得无助感就是形成易怒的脾气，无法调节自己的情绪，因为他们发现只有在自己大哭大闹时才能得到成人的回应。在婴幼儿哭闹时尽量不抱他们的现象，也与师幼比例过低有关，尤其是年龄较小的婴幼儿一起啼哭时是"惊天动地"的，笔者曾见托育人员处理这一现象时的无力感与窘状，他们在一片哭闹声中手忙脚乱。另外，有些托育机构为让托育人员迅速地完成保育工作，未严格实施"主要照护者"制度，而是让专人（如实习生、助理托育人员或新来的托育人员）来分担保育工作，如有人负责换尿布、有人负责喂食、有人负责洗澡等，结果导致他们就像工厂流水线似的快速操作，没有与婴幼儿亲密互动，这也影响了婴幼儿的发展与托育质量。

### （三）对采用教保课程的迷思

教保课程必须在托育机构内生成与发展，而非由外移植而来就可"存活"。因为每种课程模式都有其萌发的时空和理论背景，它们指导着课程与教学实践，如果将其移植到其他托育机构，那么未必是合适的或立即可用的。在引入现成的或外来的课程时，托育人员一定要先审视它与本托育机构的教育目标是否相近。在理解和认同该课程理念（知道为什么）并熟悉其教学设计（知道要怎做）后，托育人员可以在本托育机构内实施该课程一段时间，然后根据婴幼儿的表现调整该课程，以育成符合本机构婴幼儿需求的适宜性课程。然而，很多托育机构通常不会审视外来的课程与本机构的教育目标是否相近，也没有就该课程进行全园性理念认同就直接推动与实施它，结果没有领会该课程的精神。

另外一种迷思是倾向于采用大杂烩课程，也就是凭着直觉或粗浅理解，将不同课程模式的内涵进行混合，形成本托育机构的教保课程。其实每一种课程模式都有其秉持的教育哲学或理念，而教育哲学或理念影响教学实践，所以并不是所有的课程模式都可以掺杂混合，必须考虑兼容性问题，即必须深入了解欲混合的课程模式，思考其可否兼容、如何兼容。举例来说，在采用蒙台梭利课程的托育机构内，婴幼儿多数时段都在操作有固定步骤的教具。如果托育机构也想将瑞吉欧课程融入其中，那么这是相当有挑战性的，因为婴幼儿在学习了有固定顺序的操作方式后，很难立刻转换到多样的创意表征上。

### （四）对实施教保课程的迷思

托育机构在实施婴幼儿教保课程时与发展适宜性教育的四项核心实践有些距离。

#### 1. 注重保育，缺乏课程

脑科学研究表明，5岁前是儿童大脑发展的关键期，因此为他们提供丰富、优质的经验是非常必要的。然而，有些托育机构的管理人员认为，照护婴幼儿只需要做好保育工作，即只要照顾婴幼儿的吃喝拉撒睡，让婴幼儿身体健康地成长即可，完全无须结构性课程与活动。这类托育机构也很少为婴幼儿提供玩教具，保育活动室内更无区域可言。这样的做法完全忽视了婴幼儿阶段在人生发展里程碑上的重要性，完全背离了发展适宜性教育的原则！保育与教育无法分割，保育生活中蕴含很多学习的机会，托育人员可将其延伸或设计成课程活动，即"保育作息即课程"。

### 2. 过分重视认知领域

有些托育机构过分重视认知领域，尤其是低层次的认知能力如记忆、背诵、认字等，忽略较高层次的认知能力如运用、创造等，更是很少以主题整合婴幼儿的学习，没有实施"均衡适宜的课程"。其他领域较少被关注是一方面，另一方面是它们得到的关注是不适宜的，比如：在语言领域，托育人员多运用闪卡要求婴幼儿认字，很少在保育作息时刻与婴幼儿亲密互动；在身体动作领域，托育人员过于保护婴幼儿，忽视户外探索活动。

### 3. 过度仰赖集体教学

在教保活动时段，很多托育机构仍然以全班集体活动为主，采用托育人员教、婴幼儿听的传统教学形式，背离婴幼儿的发展特点以及游戏和探索天性。在督导托育机构时，笔者常见一大群婴幼儿分两三排歪头斜脑地坐在宝宝椅上，而托育人员在前面滔滔不绝地念着小小的绘本，念完后，不时地以闪卡念着上面物品的名字。笔者认为，在这一情境中婴幼儿之所以会歪头斜脑，一方面是因为他们的年龄太小，无法完全挺直身体；另一方面是因为教保活动无法吸引婴幼儿的兴趣，所以他们很无力地坐着。这样的集体教学对婴幼儿而言，非但完全无法达到教保活动的目的，反而是个痛苦无聊甚至戕害身体的经验。

### 4. 强势主导，误用鹰架

可能是觉得婴幼儿身心脆弱、能力不足，托育人员经常表现出很强的主导性，比如：以毫不尊重的姿态将婴幼儿抱来抱去，就像搬动物似的很用力且不事先知会；在互动中给婴幼儿下指令、请婴幼儿照做、帮助婴幼儿完成活动等。虽然适度地示范并请婴幼儿练习动作是必要的，合理地搭建鹰架、协助婴幼儿也是必需的，但是托育人员一定要区分协助婴幼儿以提升其潜能的鹰架引导与掌控婴幼儿的灌输主导之间的不同。比如，当幼儿无法将有握柄的拼图放入底盘内时，托育人员在问了一声"要帮忙吗？"后就直接走过去找出正确的一块拼图放入底盘内，这样做反而让幼儿错失了学习机会，无法体现"鹰架婴幼儿的学习"这一核心实践。在托育人员的强势主导下，婴幼儿鲜少有机会思考、探究或解决生活与游戏中的问题，无法培养在未来时代生存所需的能力，这一点值得我们省思。

### 5. 忽视户外探索与生活自理活动

在一些托育机构，为了确保婴幼儿的安全和健康，当遇到刮风、下雨或气温较低等不佳天气时，托育人员会让婴幼儿待在室内不外出，以免他们感冒、生病或发生意外事件，如此过度保护，并非婴幼儿的福祉。其实，托育机构与托育人员每天都应为婴幼儿提供外出的机会，让婴幼儿与大自然相处，这样不仅有助于婴幼儿呼吸新鲜的空气并伸展四肢运动，促进他们的身体健康，而且让婴幼儿有许多机会学习如何照顾与保护自己。重要的是，大自然为婴幼儿提供了无尽的游戏和探索机会（Mendoza & Katz，2020），可以满足婴幼儿的游戏和探索需求，对他们的认知发展大有裨益。无菌的环境培养出来的只有无法适应环境的病人。"以最小的危险换取最大的安全"，培养婴幼儿的自我保护与环境调节能力，才是教保婴幼儿的上策。此外，过度保护婴幼儿还包括不重视婴幼儿生活自理能力的培养，托育人员要么认为婴幼儿年龄小做不到，要么为了追求效率、减少麻烦而代替婴幼儿做事，如给婴幼儿喂食、帮助他们穿脱衣物等。

### （五）对规划游戏和探索环境的迷思

婴幼儿教保课程的实施依赖室内外游戏和探索环境。然而，在环境规划方面，一些托育机构存在两方面问题：一方面，以宽阔且过度装潢的华丽空间吸引家长的目光，却不知安全、健康的环境且如家般的温馨氛围与视觉美感更重要，可以让婴幼儿产生安全感、信任感与舒适感；另一方面，为了显示专业度，环境像医院般布置得冷冰冰，托育人员甚至天天戴着口罩，却不知卫生保健虽然很重要，但是温暖的、有利于婴幼儿正常发展与学习的适宜空间更重要。

从婴幼儿发展与学习的角度出发，保育活动室内最重要的是规划内涵丰富的多元区域，让婴幼儿可以自由探索，以回应他们的个体差异性。可惜的是，在有些托育机构内，玩教具少得可怜甚至没有固定的探索区域。在特定时间，托育人员会一盒盒地拿出玩教具，而平日婴幼儿根本无法自由探索或接触它们，无法体现"游戏和探索即课程"这一核心实践。至于室外游戏和探索空间，很多园所受限于自身条件无法为婴幼儿提供，其实它们完全可以借助社区的花园或公园予以弥补。

### 二、应对实然之貌的建议

根据婴幼儿教保课程实然之貌，我们可以从以下几个层面采取措施来提升婴幼儿教保课程的质量。

### （一）法令政策

国家应在政策方面对托育人员与婴幼儿的比例做出规定，照护比例宜为1∶4。各托育机构也要秉持婴幼儿福祉至上的原则，竭诚为婴幼儿服务。同时，制定并落实托育机构督导制度，保证督导的次数并保持严谨度，严格地追踪上一次督导发现的问题，希冀托育机构尽快改善。此外，政府有关部门也可以研发婴幼儿主题式教保课程，以供托育机构参考及满足现实所需。

### （二）专业发展系统

婴幼儿教保课程实然之貌中存在的迷思或问题，可以作为培育职前或职后托育人员的关注重点，期望大中专院校相关专业及其他相关培育体系能在相关课程中帮助托育人员消除这些迷思或问题。特别是针对教保课程实施的迷思或问题，建议通过托育课程与教学实例研讨会来强化均衡适宜的课程、游戏和探索即课程、保育作息即课程、鹰架婴幼儿的学习等核心实践理念。此外，婴幼儿发展是教保课程的关注重点和设计的依据，建议大中专院校加重其学分比重，并通过教保课程案例以及见习和实习日志的撰写等，引导职前托育人员深刻思考教保实践和理论之间的关系，以强化他们的婴幼儿发展专业知识。

### （三）托育机构

托育机构应重视托育人员及其付出，大力改善与优化人事福利制度，并实施主要照护者制度，以留住优秀的托育人员。在教保课程方面，无论是自主研发的课程还是坊间的现成课程，托育机构都要助力全体员工理解其课程理念与实践，并让所实施的课程在园调整与发展成更符合园内婴幼儿所需的课程。这有赖于托育机构内的专业成长机制、评价措施、课程与教学研讨制度等。最后也是很重要的一点是，托育机构宜创设安全、温馨、具有美感的环境，尤其是保育活动室内的多元区域设置与玩教具投放，应将经费多投入在有趣且有益于婴幼儿思考与创造的玩教具上。

### （四）托育人员自身

托育人员应看重自己的价值与专业，即具有自信心，只有这样才能感到快乐并对托育工作充满热情。当然，在合理范围内争取应有的权益也是必要的。不过，托育人员也要反思自己在教保课程实施方面是否存在一些问题，并通过各种专业成长方式，如优秀托育人员观摩活动、托育实践研讨会、教保课程与教学研讨会、婴幼儿发展阅读活动、在职进修课程等，解决这些问题，促进自己的专业发展。

# 参 考 文 献

## 中文部分

［1］龚美娟，陈姣伶，李德芬，等. 婴幼儿发展与辅导［M］. 台北：群英出版社，2012.

［2］克莱尔. 婴幼儿教保环境与互动实务［M］. 周淑惠，译. 新北：心理出版社，2014.

［3］林美珍，黄世峥，柯华葳. 人类发展［M］. 新北：心理出版社，2007.

［4］欧用生. 课程发展的基本原理［M］. 高雄：复文图书出版社，1993.

［5］王佩玲. 幼儿发展评量与辅导［M］. 5版. 新北：心理出版社，2013.

［6］温芙蕾，培理. 你发生过什么事？创伤如何影响大脑与行为，以及我们能如何疗愈自己［M］. 康学慧，译. 台北：悦知文化出版社，2022.

［7］叶郁菁，施嘉慧，郑伊恬. 幼儿发展与保育［M］. 台北：五南出版社，2016.

［8］周淑惠. 幼儿教材教法：统整性课程取向［M］. 新北：心理出版社，2002.

［9］周淑惠. 幼儿园课程与教学：探究取向主题课程［M］. 新北：心理出版社，2006.

［10］周淑惠. 幼儿学习环境规化：以幼儿园为例［M］. 台北：新学林出版社，2008.

［11］周淑惠. 游戏VS课程：幼儿游戏定位与实施［M］. 新北：心理出版社，2013.

［12］周淑惠. 面向21世纪的幼儿教育：探究取向主题课程［M］. 新北：心理出版社，2017.

［13］周淑惠. 婴幼儿STEM教育与教保实务［M］. 新北：心理出版社，2018.

［14］周淑惠. 幼儿STEM教育：课程与教学指引［M］. 新北：心理出版社，2020.

［15］周淑惠. 幼儿科学教育：迈向STEM新趋势 [M]. 新北：心理出版社，2022.

## 英文部分

Adamson, L. B., Bakeman, R., & Deckner, D. F. (2004). The development of symbolinfused joint engagement. *Child Development, 75* (4), 1171-1187.

Adolph, K. E., Cole, W. G., Komati, M., Garciaguirre, J. S., Badaly, D., Lingeman, J. M., Chan, G. L., & Sotsky, R. B. (2012). How do you learn to walk？ Thousands of steps and dozens of falls per day. *Psychological Science, 23* (11), 1387-1394.

Australian Government Department of Education，Skills and Employment. (2019). *Belonging, being and becoming, the early years learning framework for Australia.*

Barbre，J. (2013). *Activities for responsive caregiving: Infant, toddlers, and twos.* Readleaf Press.

Bate，P.，Thelen，E. (2003). Development of turning and reaching. In M. Latash，& M. F. Levin (Eds.)，*Progress in motor control ill: Effects of age, disorder and rehabilitation* (Vol.3) (pp.55-79). Human Kinetics Publishers.

Beane，J. (1997). *Curriculum integration: Designing the core of democratic education.* Teachers College.

Berk，L. E. (2001). *Awakening children's minds: How parents and teachers can make a difference.* Oxford University Press.

Berk，L. E. (2013). *Child development* (9th ed.). Pearson.

Berk，L. E.，& Winsler，A. (1995). *Scaffolding children's learning: Vygotsky and early childhood education.* NAEYC.

Bodrova，E.，& Leong，D. J. (2007). *Tool of the mind: The Vygotskian approach to early childhood education* (2nd ed.). Prentice-Hall.

Bredekamp，S. (1987). *Developmentally appropriate practice in early childhood programs: Serving children from birth through age* 8. NAEYC.

Bredekamp，S. (2017). *Effective practices in early childhood education: Building a foundation* (3rd ed.). Pearson.

Bredekamp，S.，& Rosegrant，T. (Eds.). (1995). *Reaching potentials: Transforming early childhood curriculum and assessment* (Vol.2). NAEYC.

Bronfenbrenner，U. (1979). *The ecology of human development: Experiments by nature and design.* Harvard University Press.

Brownlee，P. (2017). *Dance with me in the heart: The adults' guide to great infantparent partnerships.* Good Egg Books.

Bruner，J.，& Haste，H. (1987). Introduction. In J. Bruner，H. Haste (Eds.)，*Making sense: The child construction of the world. Routledge.*

Bussis，A. M.，Chittenden，F. A.，Amarel，M. (1976). *Beyond surface curriculum: An interview study of teachers' understandings.* Westview Press.

Cecil，L. M.，Gray，M. M.，Thornburg，K. R.，& Ispa J. (1985). Curiosity-exploration-play-creativity：The early childhood mosaic. *Early Child Development and Care, 19*，199-217.

Cooper，S. (2010). Lighting up the brain with songs and stories. *General Music Today. 23* (2)，24-30.

Copple，C.，& Bredekamp，S. (Eds.). (2009). *Developmentally appropriate practice in early childhood programs: Serving children from birth through age 8* (3rd ed.). NAEYC.

Copple，C.，Bredekamp，S.，& Gonzalez-Mena，J. (2011). *Basics of developmentally appropriate practice*. NAEYC.

Copple，C.，Bredekamp，S.，Koralek，D.，Charner，K. (Eds.). (2013). *Developmentally appropriate practice: Focus on infants and toddlers*. NAEYC.

Corbeil，M.，Trehub，S. E.，& Peretz，I. (2015). Singing delays the onset of infant distress. *Infancy, 21* (3)，373-391.

Daniel，G. (2011). Family-school partnerships：Towards sustainable pedagogical practice. *Asia-Pacific Journal of Teacher Education, 39* (2)，165-176.

Day，D. E. (1983). *Early childhood curriculum: A human ecological approach*. Scott，Foresman and Company.

Edwards，S.，Cutter-Mackenzie，A.，& Hunt，E. (2010). Framing play for learning：Professional reflections on the role of open-ended play in early childhood education. In L. Brooker，& S. Edwards (Eds.)，*Engaging play* (pp.137-151) . Open University Press.

Edwards，C.，Gandini，L. A.，& Forman，G. (Eds.). (2012). *The hundred languages of children: The Reggio Emilia experience in transformation* (3rd ed.). Praeger.

Fein，G. G.，& Schwartz，S. S. (1986) .The social coordination of pretense in preschool children. In G. G. Fein，& M. Rivkin (Eds.)，*The Young child at play: Review of research* (Vol.4) (pp.95-112). NAEYC.

Feldman，R. S. (2012). *Child development* (6th ed.). Pearson.

Fleer，M. (1993). Science education in child care. *Science Education, 77* (6)，561-573.

Fleer，M. (2010). Conceptual and contextual intersubjectivity for affording concept formation in children's play. In L. Brooker，& S. Edwards (Eds.)，*Engaging play* (pp.68-79). Open University Press.

Fletcher，K. L.，& Finch，W. H. (2015). The role of book familiarity and book type on mothers' reading strategies and toddlers' responsiveness. *Journal of Early Childhood Literacy*，15 (1)，73-96.

Gonzalez-Mena，J.，& Eyer，D. W. (2018). *Infants, toddlers, and caregivers: A curriculum of respectful, responsive, relationship-based care and education* (1st ed.). McGraw-Hill Education.

Gershkoff-Stowe，L.，& Hahn，E. R. (2007). Fast mapping skills in the developing lexicon. *Journal of Speech, Language, and Hearing Research, 50* (3)，682-697.

Honig，A. S. (2015). *Experiencing nature with young children: Awakening delight，curiosity, and a sense of stewardship*. NAEYC.

Isenberg，J. P.，& Jalongo，M. R. (1997). *Creative expression and play in early childhood.* Prentice-Hall.

Kostelnik，M.，Soderman，A.，& Whiren，A. (1993). *Developmentally appropriate practice in early childhood education.* Merrill.

Kovach，B.，& Ros-Voseles，D. D. (2008). *Being with babies: Understanding and responding to the infants in your care.* Gryphon House.

Krogh，S. L.，& Morehouse，P. (2014). *The early childhood curriculum: Inquiry learning through integration* (2nd ed.). Routledge.

Meltzoff，A. N. (2011). Social cognition and the origins of imitation，empathy，and theory of mind. In U. Goswami (Ed.)，*The Wiley-Blackwell handbook of childhood cognitive development* (pp.49-75). Wiley-Blackwell.

Mendoza，J. A.，& Katz，L. G. (2020). Nature education and project approach. In D. Meier，& S. Sisk-Hilton (Eds.)，*Nature education with young children: Integrating inquiry and practice* (2nd ed.) (pp.141-157). Routledge.

National Association for the Education of Young Children [NAEYC]. (2009). *NAEYC standards for early childhood professional preparation programs.*

National Association for the Education of Young Children [NAEYC]. (2020). *Developmentally appropriate practice.*

National Science Teacher Association [NSTA]. (2014). *NSTA position statement: Early childhood science education.*

Newman，R. S.，Rowe，M. L.，Ratner，N. (2015). Input and uptake at 7 months predicts toddler vocabulary：The role of child-directed speech and infant processing skills in language development. *Journal of Child Language, 1* (5)，1-16.

Newton，E. K.，Thompson，R. A.，Goodman，M. (2016). Individual differences in toddlers' prosociality：Experiences in early relationships explain variability in prosocial behavior. *Child Development, 87* (6)，1715-1726.

Ornstein，A. C.，& Hunkins，F. P. (2017). *Curriculum: Foundations, principles, and issues* (7th ed.). Pearson.

Rivkin，M. (1995). The great outdoors：Restoring children's right to play outside. NAEYC.

Rowe，M. L. (2012). A longitudinal investigation of the role of quantity and quality of child-directed speech in vocabulary development. *Child Development, 83* (5)，1762-1774.

Scully，P. A.，Barbour，C.，& Roberts-King，H. (2015). *Families, schools and communities: Building partnerships for educating children* (6th ed). Pearson.

Shonkoff，J. P.，& Phillips，D. A. (2000). *From neurons to neighborhoods: The science of early childhood development.* National Academies Press.

Smilansky，S.，& Shefatya，L. (1990). *Facilitating play: A medium for promoting cognitive, socio-emotional, and academic development in young children*. Psychological and Educational Publications.

Stahl，A. E.，& Feigenson，L. (2015). Observing the unexpected enhances infants' learning and exploration. *Science, 348* (6230)，91-94.

Thelen，E. (1995). Motor development：A new synthesis. *American Psychologist, 50*(2)，79-95.

Thelen，E.，& Smith，L. B. (2006). Dynamic systems theories. In R. M. Lerner, & W. Damon (Eds.)，*Handbook of child psychology: Theoretical models of human development* (pp.258-312). John Wiley Sons Inc.

UK Department for Education. (2021a). *Statutory framework for the early years foundation stage: Setting the standards for learning, development, and care for children from birth to five*.

UK Department for Education. (2021b). *Development matters*.

US Department of Education. (2016). *STEM 2026: A vision for innovation in STEM education*.

US Deapartment of Health and Human Service. (2016). *Let's talk, read and sing about STEM!*

Vygotsky，L. S. (1978). *Mind in society: The development of higher psychological processes*. Harvard University Press.

Vygotsky，L. S. (1991). *Thought and language* (5th ed.). The MIT Press.

Whitehurst，G. J.，Zevenbergen，A. A.，Crone，D. A.，Schultz，M. D.，Velting，O. N.，& Fischel，J. E. (1999). Outcomes of an emergent literacy intervention from head start through second grade. *Journal of Educational Psychology, 91* (2)，261-272.

Wittmer，D. S.，& Petersen，S. H. (2018). *Infant and toddler development and responsive program planning: A relationship-based approach* (4th ed.). Pearson.

Wood，D. J.，Bruner，J. S.，& Ross，G. (1976). The role of tutoring in problem solving. *Journal of Child Psychology and Psychiatry, 17*，89-100.

Wood，E.，& Attfield，J. (2006). *Play，learning and the early childhood curriculum* (2nd ed.). Paul Chapman Publishing.

Zuckerman，G. A.，Chudinova，E. V.，& Khavkin，E. E. (1998). Inquiry as a pivotal element of knowledge acquisition within the Vygotskian paradigm：Building a science curriculum for the elementary school. *Cognition and Instruction, 16* (2)，201-233.

# 万千教育 学前教育类书目

| 书号 | 书名 | 著、译者 | 定价(元) |
|------|------|---------|---------|
| **0—3岁婴幼儿照护系列** | | | |
| 4178 | 0—3岁婴幼儿教师指导手册 | 何敏 等 译 | 58.00 |
| 4203 | 0—3岁婴幼儿托育机构环境创设（全彩） | 史瑾 译 | 42.00 |
| 3846 | 0—3岁婴幼儿发展与回应式课程设计<br>——在关系中学习 | 王玲艳 等 译 | 92.00 |
| 3963 | 婴幼儿的情绪世界 | 何子静 译 | 78.00 |
| 3908 | 0—3岁婴幼儿活动方案<br>——陪孩子一起成长的游戏书 | 贾晨 等 译 | 58.00 |
| 3767 | 0—3岁婴幼儿游戏<br>——适宜的环境创设与师幼互动（全彩） | 张和颐 尹雪力 译 | 52.00 |
| 2875 | 0—3岁婴幼儿发展适宜性实践 | 洪秀敏 等 译 | 45.00 |
| **0—3岁婴幼儿照护系列合计** | | | 425.00 |
| **幼儿教师教育技能指导系列** | | | |
| 4783 | 幼儿园课程资源开发利用的策略与方法 | 莫源秋 陆志坚 著 | 52.00 |
| 4355 | 0—8岁儿童发展适宜性教育<br>（原著第四版） | 全美幼教协会 主编<br>刘焱 等 译 | 108.00 |
| 3971 | 幼儿园教师的13项专业技能<br>（原著第十版） | 程晨 张帅 译 | 98.00 |
| 3853 | 幼儿园反思性教学<br>——有效教与学的十项原则 | 钱雨 等 译 | 88.00 |
| 3886 | 3—6岁儿童发展适宜性教育 | 胥兴春 等 译 | 36.00 |
| 3749 | 培养卓越儿童<br>——幼儿教育中的瑞吉欧教学法 | 叶平枝 等 译 | 62.00 |

| 3536 | 儿童的好奇心<br>——保护早期学习的最初动力 | 杨恩慧　译 | 52.00 |
|------|------|------|------|
| 3428 | 教师主导还是儿童主导？<br>——为幼儿学习选择适宜策略 | 王连江　译 | 72.00 |
| 3423 | 幼儿教师须知的教育理论<br>——13个世界著名理论流派的幼儿教育观 | 刘富利　等　译 | 58.00 |
| 1197 | 幼儿教育中的心理效应 | 莫源秋　等　编著 | 32.00 |
| 8953 | 幼儿教师实用教育教学技能 | 莫源秋　等　著 | 30.00 |
| 0784 | 幼儿教师必须掌握的教育技巧 | 莫源秋　著 | 35.00 |
| 0193 | 跟蒙台梭利学做快乐的幼儿教师 | 刘文　主编 | 58.00 |
| 2236 | 幼儿园文案撰写规范与技巧 | 刘敏　等　著 | 52.00 |
| 8930 | 幼儿教师易犯的150个错误 | 伍香平　编著 | 32.00 |
| 2309 | 破解幼儿园教师的90个工作难题 | 杜长娥　徐钧　主编 | 52.00 |
| **幼儿教师教育技能指导系列合计** | | | **917.00** |
| **幼儿教师沟通技巧系列** | | | |
| 3370 | 做个高情商的幼儿教师 | 莫源秋　著 | 52.00 |
| 2113 | 做会沟通的幼儿教师 | 胡剑红　等　主编 | 38.00 |
| 2599 | 做幼儿喜爱的魅力教师（第二版） | 莫源秋　著 | 48.00 |
| 9047 | 幼儿教师临场应变技巧60例 | 冯伟群　著 | 25.00 |
| **幼儿教师沟通技巧系列合计** | | | **163.00** |

……

**欲了解更多图书信息，请登录：www.wqedu.com**

**联系地址：北京市西城区三里河路6号院2号楼213室　万千教育**

**咨询电话：010-65181109**

\*本目录定价如有错误或变动，以实际出书为准。